V

ABRÉGÉ D'ASTRONOMIE

A L'USAGE

DES CLASSES DE RHÉTORIQUE ET DE PHILOSOPHIE

POUR LA PRÉPARATION

DU BACCALAURÉAT ÈS-LETTRES.

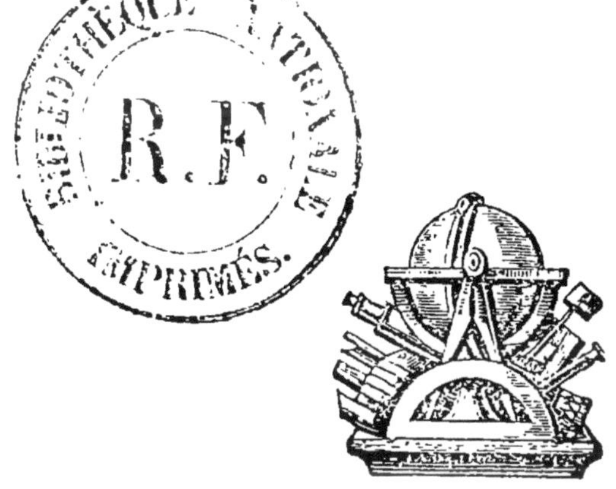

AUXONNE,

IMPRIMERIE DE X.-T. SAUNIÉ, LIBRAIRE-ÉDITEUR.

1850.

Auxonne, imprimerie de X.-T. SAUNIÉ.

INTRODUCTION.

1. L'Astronomie, *ou science des astres*, est la science qui s'occupe des lois qui régissent les *corps célestes*, et des phénomènes qui en dépendent.

On donne le nom de corps célestes, aux corps innombrables qui se meuvent dans l'immensité de l'espace, tels que les *étoiles*, le *soleil*, la *lune*, etc.

La *voûte céleste* ou *ciel* est cette voûte immense, qui semble reposer sur la terre en la bornant à notre vue par un cercle immense, que l'on nomme *horizon*, au centre duquel nous sommes placés.

Tous les astres, excepté le soleil et la lune, si remarquables entre tous les autres par leur grosseur et leur lumière, ressemblent à des points lumineux, dont la plupart paraissent invariablement fixés à la voûte céleste et sont appelés *étoiles fixes*; tandis que quelques autres, changeant de position par un mouvement continu, ont été désignés sous le nom d'*étoiles errantes* ou *planètes*.

CHAPITRE PREMIER.

DES ÉTOILES.

§ 1er. *Lever et coucher des astres, sphère céleste.*

2. Une observation de quelques jours suffit pour faire reconnaître que tous les astres semblent se *lever* chaque jour à l'Orient, se transporter ensuite vers l'Occident, par une marche lente, ascendante d'abord, puis descendante après qu'ils ont atteint dans le ciel leur point *culminant*, ou le plus élevé de leur course. Ils disparaissent enfin à l'Occident, ou se *couchent*, pour revenir le lendemain en présentant les mêmes apparences.

3. On trouve en second lieu que toutes les étoiles fixes, conservent invariablement entre elles les mêmes positions, les mêmes distances pendant toute leur marche, en sorte qu'elles paraissent fixées à la voûte céleste, qui les emporte toutes dans le mouvement qu'elle seule paraît effectuer.

Il devient évident que la voûte céleste se prolonge au-dessous de la terre, en forme de sphère, dont la partie visible terminée par l'horizon, se renouvelle sans cesse, et opère un changement continuel dans l'apparence du ciel.

4. En élevant une perpendiculaire à l'horizon par son centre, on détermine dans la sphère céleste deux points remarquables, qui sont les pôles de l'horizon. Le pôle supérieur s'appelle *zénith*, et le pôle inférieur

nadir, la perpendiculaire qui les détermine se nomme *verticale*. On peut mener suivant la verticale une infinité de plans qui déterminent sur la sphère céleste autant de cercles perpendiculaires à l'horizon, appelés *verticaux*. Si l'on menait des plans parallèles à l'horizon on obtiendrait les cercles que l'on nomme *almicantarats*.

§ 2. *De l'axe du monde et des pôles.*

5. Une fois que l'on a reconnu le mouvement de la sphère céleste, on doit admettre qu'il s'effectue autour d'un diamètre idéal, passant par le lieu qu'occupe l'observateur. Cette ligne reste seule immobile, ainsi que ses deux extrémités appelées *pôles* de la sphère : l'un est le pôle *nord* ou *boréal*, l'autre le pôle *sud* ou *austral*; le diamètre immobile est l'axe du monde.

6. Si l'on cherche la position de l'axe du monde, on reconnait par le sens du mouvement de la sphère qu'il est oblique à l'horizon avec lequel il forme un angle d'environ 48°5o' pour Paris, de sorte que le pôle nord se trouve assez élevé dans la partie visible du ciel; le pôle sud, à la même distance au-dessous de l'horizon, n'est jamais visible pour nous. Mais un fait digne de remarque, et dont nous déduirons plus tard les conséquences les plus utiles, c'est qu'en se dirigeant vers le nord, cet angle s'accroit de plus en plus, tandis qu'il diminue à mesure que l'on s'avance au midi.

§ 3. *Des cercles décrits par les étoiles.*

7. Dans le mouvement de la sphère céleste, *les étoiles décrivent des cercles perpendiculaires à l'axe du monde, et cette droite passe par leurs centres.*

Les étoiles dans toutes leurs positions successives conservent toujours la même distance aux pôles, en vertu de leur fixité sur la sphère céleste. Mais la géométrie nous apprend que tous les points également distants d'un même point donné, appartiennent à la circonférence, dont le plan est perpendiculaire à la droite qui joint le point donné au centre de la circonférence; ce qui démontre la propriété énoncée.

8. Les cercles décrits par les étoiles, appartenant à une même sphère, sont d'autant plus petits qu'ils se rapprochent davantage des pôles, on les nomme *parallèles*, à cause de leur parallélisme. Celui que décrirait une étoile placée à égale distance des pôles, serait évidemment un grand cercle, on le nomme *Equateur* parce qu'il divise le ciel en deux hémisphères, l'un appelé *boréal*, celui du pôle nord, l'autre *austral*, celui du pôle sud.

9. Par suite de l'inclinaison de l'axe du monde, toute la partie du ciel située au-delà d'un parallèle mené à 48° 5o' du pôle nord demeure constamment visible, et réciproquement toute la partie située au-delà d'un parallèle mené à 48° 5o' du pôle sud demeure constamment au-dessous de l'horizon.

Prenons pour le démontrer un grand cercle de la sphère céleste (fig. 1), passant par les pôles P et P', et soit HH' l'intersection de l'horizon avec ce cercle, que nous lui supposerons perpendiculaire; si des points H et H' on abaisse HC et H'C' perpendiculaire à l'axe PP', ces droites seront les diamètres des parallèles menés à 48° 5o' de chacun des pôles. Mais le diamètre HC étant tout entier au-dessus de l'horizon, le parallèle correspondant sera lui-même tout entier dans la partie visible et à plus forte raison pour tout parallèle plus rapproché du pôle. Le contraire a lieu pour H'C'.

On appelle *cercle de perpétuelle apparition*, le parallèle limite de la partie qui demeure toujours visible, et *cercle de perpétuelle occultation*, le parallèle limite de la partie qui est toujours invisible. Entre l'équateur et le premier de ces parallèles les étoiles sont plus longtemps au-dessus qu'au-dessous de l'horizon, c'est le contraire qui a lieu entre l'équateur et le second de ces parallèles ; à l'équateur même elles seraient également longtemps visibles et cachées.

10. Puisque l'axe du monde est différemment incliné suivant les différents pays de la terre, les apparences que nous offre la marche des étoiles, doivent varier avec ces pays. Ainsi quand l'inclinaison de l'axe, est nulle, les cercles de perpétuelle apparition et de perpétuelle occultation sont nuls aussi, et toutes les étoiles demeurent visibles pendant la moitié de leur course, puisque l'horizon, mené suivant l'axe du monde, doit partager tous les parallèles en deux parties égales ; c'est ce qui a lieu quand on se trouve dans le plan de l'équateur. Si l'inclinaison est de 90°, l'horizon se confond avec l'équateur, et la moitié des étoiles perpétuellement visibles décrivent des cercles parallèles à l'horizon, pendant que l'autre moitié demeurent complètement invisibles.

§ 4. *Uniformité du mouvement diurne. — Méridien. — Rose des vents.*

11. La sphère céleste accomplit chaque jour une révolution entière d'un mouvement uniforme, c'est-à-dire qui n'est jamais accéléré ni ralenti dans toute sa durée ; de sorte que les étoiles décrivent *des arcs égaux dans des temps égaux.*

Pour vérifier cette loi il suffit d'observer pendant quelques jours le passage d'une étoile en un point déterminé du ciel, et l'on trouve toujours le même intervalle, entre deux passages successifs. Puis si l'on mesure l'arc décrit par une étoile dans un temps donné, on trouvera toujours le même arc décrit dans le même temps, non-seulement par cette étoile, mais par toute autre que l'on voudra considérer. On doit observer avec soin que les arcs décrits par les étoiles voisines des pôles, ne sont égaux à ceux que décrivent les autres, que par le nombre de degrés, parce qu'on les évalue sur des circonférences plus petites.

12. Le mouvement de la sphère céleste s'appelle *mouvement diurne* ; il s'accomplit, en un peu moins d'un jour ordinaire ; sa durée exacte se nomme *jour sidéral*. On divise le jour sidéral en vingt-quatre parties égales, ou heures sidérales, les heures se subdivisent en 60 minutes et les minutes en 60 secondes. Il faut bien distinguer ces fractions d'heures avec les divisions angulaires qui portent les mêmes noms.

13. Si l'on mène dans la sphère céleste douze cercles, passant par l'axe du monde et également espacés entre eux, ils diviseront chacun des parallèles en vingt-quatre parties égales de 15°. Comme les étoiles mettent vingt-quatre heures pour effectuer leur révolution, il s'ensuit qu'elles mettront une heure pour aller de l'un à l'autre de ces cercles, ou pour décrire un arc de 15° ; c'est ce qui a fait donner le nom de *cercles horaires* aux cercles menés suivant l'axe du monde.

14. Parmi les cercles horaires le plus remarquable est celui qui passe par les pôles de l'horizon, et qui partant réunit les propriétés des verticaux et des cercles horaires, on l'appelle *Méridien*. Il contient tous les points culminants des étoiles, et partant divise en deux parties égales l'arc visible décrit par

chacune d'elles. Son intersection avec l'horizon se nomme *méridienne*; c'est la direction de cette ligne qui indique sur la terre le *nord* ou *septentrion*, et le *sud* ou *midi*, du côté de chacun des pôles de ce nom. La perpendiculaire à la méridienne par le centre de l'horizon détermine deux nouvelles directions, celle de l'*est*, *orient* ou *levant*, du côté où les astres se lèvent, et celle de l'*ouest*, *occident* ou *couchant*, du côté où les astres se couchent.

15. En prenant les directions intermédiaires à ces quatre points principaux, appelés *points cardinaux*, on aura quatre nouvelles directions qui déterminent le *sud-est*, le *sud-ouest*, le *nord-est*, le *nord-ouest*. En prenant de nouveau les directions intermédiaires on obtiendra huit autres points, appelés S.S.E., E.S.E., S.S.O., O.S.O., etc. On peut en ajouter encore seize nouveaux aux précédents, ce sont le sud-quart-sud-est, le sud-est-quart-sud, etc. Toutes ces directions au nombre de trente-deux forment la Rose des vents (fig. 2).

ART. 2ᵉ. — MOYENS DE DÉTERMINER LA POSITION DES ASTRES SUR LA SPHÈRE CÉLESTE.

16. On détermine généralement la position d'un point d'une surface, par l'intersection de deux lieux géométriques de ce point. Ainsi en rapportant la distance des astres à deux cercles de la sphère, on obtient les lieux géométriques de ces distances et par suite la position des astres. Comme on peut choisir deux cercles quelconques de la sphère, il s'ensuit que l'on pourrait prendre une infinité de systèmes; mais en recherchant ceux qui présentent le plus d'avantage, on s'est arrêté à deux principaux dont nous allons parler.

1° *Rapporter les étoiles à l'équateur et à un cercle horaire fixe.*

17. On rapporte en premier lieu la position des étoiles à l'équateur et au cercle horaire qui passe par l'équinoxe du printemps.

La distance à l'équateur s'appelle *déclinaison*, elle se compte en allant de l'équateur à chacun des pôles de o à 90°. Il y a deux déclinaisons, l'une *boréale* désignée par le signe + , l'autre *australe* désignée par le signe — . La distance au cercle horaire fixe s'appelle *ascension droite*, elle se compte à partir de ce cercle en allant d'occident en orient, de o à 360°.

18. *Tous les points d'uu même parallèle ont la même déclinaison.*

Ces cercles étant parallèles à l'équateur et perpendiculaires aux cercles horaires, il s'ensuit qu'un parallèle intercepte avec l'équateur des ares égaux sur tous les cercles horaires, et que les arcs interceptés mesurent la distance des deux cercles. Cette distance est donc la même pour tous les points d'un même parallèle.

Corollaire. — Si l'on donne la déclinaison d'un astre, on saura qu'il se trouve sur le parallèle qui a lui-même cette déclinaison, et partant si l'on compte la déclinaison donnée sur un cercle horaire quelconque, le Méridien par exemple, et que l'on mène un parallèle par le point trouvé, ce parallèle contiendra l'astre que l'on cherche.

19. *Tous les points d'un même cercle horaire ont la même ascension droite.*

On sait que deux cercles horaires forment entre eux, un angle dièdre qui a l'axe du monde pour arête; mais un parallèle quelconque étant perpendiculaire à ces deux cercles horaires, détermine par ses intersections avec eux un angle plan, qui mesure leur angle dièdre. Par conséquent l'arc compris de ce parallèle est la véritable mesure de l'angle de ces deux cercles horaires. Cette propriété étant vraie pour tout parallèle, les deux cercles horaires interceptent donc des arcs d'un même nombre de degrés sur tous les parallèles, d'où il suit que tous les points de l'un sont également distants de l'autre.

Corollaire. — Si l'on donne l'ascension droite d'un astre, on saura qu'il se trouve sur le cercle horaire qui a lui-même cette ascension droite, et partant si on la compte sur un parallèle, ou mieux sur l'équateur, le cercle horaire mené par le point trouvé, contiendra l'astre que l'on cherche.

Ces deux principes montrent que la connaissance de l'ascension droite et de la déclinaison suffisent pour déterminer la position des astres.

2° *Rapporter les étoiles à l'horizon et au méridien.*

20. On peut encore choisir l'horizon et le méridien pour déterminer la position des astres, en donnant leurs distances à chacun de ces cercles.

La distance à l'horizon se nomme *hauteur*, elle se compte de 0 à 90° en allant de l'horizon au zénith. La distance au méridien s'appelle *azimuth*, et se compte à partir de ce cercle en allant du sud à l'est et à l'ouest, et du nord à l'est et à l'ouest, de 0 à 90°. Le complément de l'azimuth s'appelle *amplitude*, elle est *ortive* ou *occase* selon qu'on l'estime vers l'orient ou vers l'occident.

D'après ce que nous avons dit plus haut des parallèles et des cercles horaires, on peut facilement concevoir que tous les points d'un même almicantarat ont la même hauteur mesurée par l'arc d'un vertical quelconque, du méridien par exemple, et que tous les points d'un même quadrant de vertical ont le même azimuth, mesuré par l'arc d'un almicantarat quelconque, ou mieux de l'horizon. De cette façon la connaissance de la hauteur et de l'azimuth d'un astre font connaître l'almicantarat et le vertical sur lesquels il se trouve, et partant sa position précise.

Cette seconde méthode a beaucoup moins d'importance que la première, parce que les astres changent continuellement de position par rapport à l'horizon dans leur mouvement diurne.

ART. 3ᵉ. — PARTICULARITÉS SUR LES ÉTOILES.

21. Les étoiles fixes en nombre incalculable, nous apparaissent comme des points lumineux d'un éclat variable, ce qui les a fait classer en étoiles de 1re, 2e, 3e grandeur, etc. Déjà celles de 6^a grandeur ne sont plus visibles qu'à l'aide d'un télescope, d'où leur est venu le nom de *télescopiques*.

Les étoiles possèdent ordinairement la couleur de la lumière blanche, cependant quelques-unes offrent des variations remarquables, et prennent différentes teintes rouges, bleues, vertes, etc.; on les appelle *étoiles colorées*. On ne doit pas les confondre avec les étoiles *changeantes* ou *périodiques*, qui présentent des accroissements ou des diminutions progressives dans leur éclat; quelques-unes d'entre elles ne sont demeurées visibles que pendant un court espace de temps, et ont reçu le nom de *temporaires*.

22. Toutes les étoiles, même les plus brillantes, vues au télescope perdent leur lumière scintillante, et le fil le plus mince suffit pour les cacher entièrement à nos yeux. On peut dès-lors soupçonner qu'elles se trouvent à une distance énorme de la terre;

mais des calculs très-précis ont montré que la limite inférieure de cette distance est au moins de quatorze trillions de lieues. Pour se faire une idée plus saisissable de cet effrayant éloignement, on peut voir que la lumière qui parcourt environ 70,000 lieues par seconde, met près de 6 ans et demi pour arriver des étoiles les plus rapprochées de nous.

23. Cet éloignement empêche d'apprécier la grosseur et la nature intime des étoiles, cependant on peut les regarder comme autant de soleils, peut-être souvent des milliers de fois plus grands que le nôtre, et autour desquels tournent des astres plus petits, comme dans notre système planétaire. Cette hypothèse est fondée sur l'existence des étoiles *multiples*. Ce sont des étoiles que le télescope nous montre composées d'une étoile principale et d'une ou plusieurs autres secondaires, qui ont un mouvement de translation autour de la première.

On remarque fréquemment dans le ciel des nébulosités ou amas blanchâtres, dont les uns vus au télescope se résolvent en une multitude d'étoiles trop petites pour être aperçues individuellement, au lieu que les autres conservent leur caractère de nébulosités, et forment comme des étoiles d'une nature particulière, auxquelles on a donné le nom d'*étoiles nébuleuses*.

24. Pour faciliter l'étude des étoiles, on les a classées en groupes connus sous le nom de *constellations*. Elles sont différemment dénommées suivant les diverses apparences que l'on a cru y reconnaître. Chaque étoile de ces constellations est désignée par l'une des lettres de l'alphabet grec, à la suite desquelles viennent celles de l'alphabet latin, puis la série des nombres naturels. Les plus brillantes ont en outre reçu des noms particuliers, comme *Aldéburau* ou l'*ŒEil du taureau*.

Les principales constellations se trouvent au nord et vers l'équateur; nous citerons seulement : *la grande Ourse*, qui a sept étoiles principales très-brillantes; *la petite Ourse*, qui en a sept principales aussi, mais moins brillantes, à l'exception de la *polaire*, qui est assez brillante, isolée, et seulement à un degré et demi du pôle nord; *Orion*, à l'équateur, avec quatre étoiles très-brillantes disposées en trapèze, au milieu duquel se trouvent d'autres étoiles plus petites, placées en forme de *rateau*.

La voie lactée est une longue bande blanchâtre qui s'étend du nord-est au sud-ouest, et se compose d'une multitude de petites étoiles, la plupart télescopiques.

Nous citerons ici les deux vers qui contiennent par ordre les douze constellations du *zodiaque*, dont nous parlerons plus loin.

Sunt : Aries, Taurus, Gemini, Cancer, Leo, Virgo,
Libraque, Scorpius, Arcitenens, Caper, Amphora, Pisces

Nota. — En regardant l'étoile polaire on a le nord devant soi, le sud derrière, l'est à sa droite et l'ouest à sa gauche.

CHAPITRE II.

DU SOLEIL.

ART. 1ᵉʳ. — DU MOUVEMENT DU SOLEIL.

25. Le soleil de tous les astres le plus brillant et celui qui a le plus d'influence sur la terre, participe au mouvement général de la sphère céleste sans en avoir toute la régularité, car il a un mouvement propre en ascension droite et en déclinaison.

1° Le soleil se déplace continuellement d'occident en orient, et son ascension droite augmente chaque jour d'environ un degré.

Il suffit, pour vérifier ce mouvement, d'observer pendant quelques jours de suite le passage du soleil au méridien, et l'on trouvera que chaque jour il met environ quatre minutes de plus que les étoiles à décrire un parallèle entier, d'où il suit qu'il s'est avancé à l'orient des étoiles d'environ un degré. Une observation plus minutieuse de la distance du soleil à une étoile voisine de cet astre, ferait reconnaître la continuité de son mouvement.

2° Le soleil se déplace continuellement du nord au sud, en passant par l'équateur, et réciproquement.

Ce mouvement peut s'apprécier en mesurant la hauteur de cet astre lors de son passage au méridien ; car par cette observation on reconnaîtra que sa déclinaison change chaque jour d'une quantité, qui varie avec ses positions. En le supposant d'abord à l'équateur, comme au printemps, on trouve que sa déclinaison augmente positivement jusqu'à 23° 28'. A ce moment elle demeure stationnaire pendant quelques jours, puis elle diminue jusqu'à zéro, après quoi elle augmente négativement jusqu'à 23° 28', où elle devient une seconde fois stationnaire, et ainsi de suite. Le soleil a donc un mouvement de va et vient de l'équateur au nord, puis du nord au sud et réciproquement, pendant lequel il passe deux fois à l'équateur, et deux fois demeure stationnaire lors de ses plus grands écarts.

26. Ces deux mouvements sont simultanés, et durent 365 jours et 6 heures environ. Il ne peut donc y avoir qu'une seule route suivie par le soleil dans ce double mouvement, et cet astre décrit dans la sphère céleste un cercle incliné sur l'équateur de 23° 28'. On lui donne le nom d'*Ecliptique*, il traverse les douze constellations du *zodiaque* qui est une zône d'environ 17°, partagée par l'écliptique en deux parties égales.

L'écliptique et l'équateur se coupent en deux points appelés *équinoxiaux* ou les *équinoxes*. Les deux points où le soleil se trouve le plus éloigné de l'équateur se nomment *solstitiaux* ou les *solstices*. On appelle *tropiques* les parallèles qui passent par les solstices, celui de l'hémisphère boréal est *le tropique du Cancer*, l'autre est *le tropique du Capricorne*.

L'écliptique a ses pôles propres par suite de son inclination sur l'équateur. On nomme *cercles polaires* les parallèles qui passent par ces pôles, celui du nord est le cercle polaire *arctique*, et celui du sud est le cercle polaire *antarctique*. Le cercle horaire qui passe par les pôles de l'écliptiqne, passe aussi par les solstices, on le nomme *colure des solstices*; celui qui passe par les équinoxes s'appelle *colure des équinoxes*.

ART. 2ᵉ. — MESURE DU TEMPS.

27. Le temps se mesure d'après la marche du soleil, au moyen de l'année et du jour. On donne le nom d'*année* au temps de la révolution du soleil dans l'écliptique ; elle est de 365 j. 2422. Cet espace se divise en quatre parties nommées *Saisons*. La première commence au premier équinoxe et finit au premier solstice, c'est le *Printemps* ; la seconde commence au premier solstice pour finir au second équinoxe, c'est l'*Eté* ; la troisième s'étend du second équinoxe au second solstice, c'est l'*Automne* ; enfin la quatrième comprend l'intervalle de ce dernier solstice au premier équinoxe, c'est l'*Hiver*. Le soleil arrive à l'équinoxe du printemps le 21 mars, au solstice d'été le 22 juin, à l'équinoxe d'automne le 23 septembre et au solstice d'hiver le 22 décembre.

Le jour *solaire* est l'intervalle qui sépare deux retours successifs du soleil au méridien, il diffère du jour sidéral de quatre minutes temporaires, en sorte qu'au bout d'un mois le soleil retarde de deux heures ou de 30° sur les étoiles, ce qui occasionne un changement complet dans l'aspect du ciel pendant la nuit, au bout de quelques mois.

ART. 3ᵉ. — PARTICULARITÉS SUR LE SOLEIL.

28. La distance du soleil à la terre, que l'on mesure aujourd'hui avec facilité, a été trouvée de 34 millions de lieues en moyenne ; en mesurant alors le diamètre apparent, on trouve que le rayon du soleil est environ 110 fois celui de la terre, et son volume plus d'un million de fois celui de la terre.

29. Le soleil effectue un mouvement de rotation sur lui-même dans l'espace de 25 jours environ. On

l'a reconnu par le mouvement des taches nombreuses que le télescope a fait découvrir sur son disque. Elles se déplacent lentement d'orient en occident, disparaissent pendant quelques jours pour reparaître au bord oriental et recommencer leur mouvement.

La forme du soleil est celle d'une sphère, puisque dans toutes les positions qu'il occupe pendant son mouvement de rotation, il nous apparaît toujours sous la forme d'un disque circulaire

3o. Parmi les taches qui se forment dans le voisinage de l'équateur, sur une zône d'environ 68°, plusieurs apparaissent ou disparaissent presque subitement, d'autres sont noires ou très-obscures, tandis que certains espaces sont beaucoup plus brillants que le reste du disque. Toutes ces circonstances ont fait admettre comme plus probable que le soleil est composé d'un noyau noir et opaque, enveloppé d'une double atmosphère lumineuse, dont la première est plus sombre que celle qui lui est superposée ; en sorte que dans les agitations de ces diverses couches, on a des taches ou des points plus brillants, selon que ces couches se déchirent ou se condensent.

Nous ne détaillerons pas davantage ces hypothèses, qui suffisent pour nous donner une idée raisonnable de la nature du soleil, sans expliquer toutefois la manière dont se produit la lumière de ses couches atmosphériques. On doit remarquer combien l'Astronomie est livrée aux conjectures toutes les fois qu'il s'agit d'expliquer la nature et la constitution des corps célestes, dont les distances sont toujours considérables, tandis qu'elle marche avec une étonnante précision quand il faut déterminer les mouvements et les distances. Ceux qui ont quelques notions de trigonométrie comprendront aisément cette différence, puisqu'il suffit dans le dernier cas de mesurer une base et des angles avec précision, ce qui ne dépend plus que de la perfection des instruments et de l'habileté de l'observateur. Au reste cet objet de l'astronomie est de beaucoup plus important que le premier, bien qu'il n'offre pas autant d'attraits à la curiosité et à l'imagination.

CHATITRE III.

DE LA TERRE.

ART. 1er. — FORME DE LA TERRE.

§. 1er. — *Preuves de la rondeur de la terre.*

31. Le mouvement de la sphère céleste prouve surabondamment que la terre est isolée dans l'espace, mais quelle forme affecte cette masse ainsi abandonnée dans l'immensité de l'étendue? On n'hésite plus à le dire aujourd'hui : *la terre est ronde.*

En quelque pays, en quelque contrée que les voyageurs se soient transportés, ils ont partout observé un horizon circulaire, semblable à celui que nous voyons autour de nous. Or, chacun sait qu'il n'y a que les sphères qui puissent ainsi nous offrir l'apparence d'un cercle sous toutes leurs faces. D'ailleurs le vaisseau qui vient de quitter le port, et s'avance au milieu des mers, ne se perd jamais dans le vague d'un lointain horizon ; mais quand déjà le corps du navire a disparu, on aperçoit encore distinctement les mats et les voiles, qui semblent s'enfoncer peu à peu dans le sein des eaux, à mesure que le vaisseau s'éloigne. On pourrait encore citer les voyages des navigateurs qui ont littéralement fait le tour du globe, et quelques autres preuves plus ou moins directes, mais nous aimons mieux démontrer ce principe à l'aide de ceux que nous avons déjà établis dans ce traité.

32. 1° *La terre est ronde dans le sens des parallèles.*

En effet, de deux villes placées même à des distances peu considérables l'une de l'autre, celle qui
est le plus à l'orient voit le soleil au-dessus de son
horizon, avant que la seconde en soit éclairée, et la
différence des deux levers est d'autant plus grande,
que ces deux villes sont plus éloignées l'une de l'autre. Or, en supposant que la surface de la terre soit
plane, le soleil devrait apparaître en même temps aux
deux villes placées en M et en N (fig. 3), sur cette surface
plane représentée par la droite A B. Si l'on suppose
au contraire une surface courbe C D (fig. 4), on voit
que le soleil arrivant en S sera visible pour le point
M, tandis que la surface courbe interceptera ses
rayons pour le point N. On ne peut donc pas hési-
ter à admettre la rondeur de la terre dans le sens des
parallèles.

33. 2° *La terre est ronde dans le sens du méridien.*

Ce principe se démontre par les changements d'inclinaison que subit l'axe du monde quand on se déplace sur la terre du nord au sud. En effet, si l'on
suppose que la terre soit plane, et que l'on considère
deux points de sa surface M et N (fig. 5) dans le sens
du méridien, les droites MP, NP menées de ces
points au pôle de la sphère céleste, seront sensiblement parallèles, attendu l'énorme distance du pôle,
près de laquelle la distance MN est infiniment peu de
chose. Par conséquent les angles PMB, PNB, qui
mesurent l'inclinaison de l'axe du monde pour ces
deux points de la terre, seront égaux; ce qui est
complètement opposé à l'expérience.

Que l'on suppose au contraire une surface courbe,
et l'on verra que les droites MP et NP (fig. 6), qui
sont encore parallèles, feront des angles bien différents avec les éléments de la courbe MN, correspondants à chacune des positions M et N, et l'angle PMX

era bien moindre que l'angle PNY. C'est pourquoi
e pôle semble s'être rapproché de l'horizon. Nul
doute donc que la terre soit ronde dans le sens du
méridien.

34. Cette rondeur de la terre suivant deux directions qui sont perpendiculaires l'une à l'autre, nous
montre que sa forme est celle d'un globe plus ou
moins sphérique. Puisqu'il se trouve placé au centre
du mouvement de la sphère céleste, son axe, ses
pôles, son équateur seront déterminés par ceux de
la sphère céleste. On voit encore que l'horizon, le
méridien, et tous les cercles, toutes les lignes et les
points qui en dépendent varient avec les différents
lieux que l'on habite. On a donné le nom de *méridiens terrestres* à tous les grands cercles de la sphère
terrestre qui passent par ses pôles.

L'horizon que la terre forme sur la sphère céleste
en paraissant la couper en deux hémisphères a reçu
plus spécialement le nom d'horizon *sensible* ou *vi-
suel*, tandis que l'on nomme horizon *rationnel* ou
mathématique, celui qui formerait un plan parallèle
à l'horizon sensible, passant par le centre de la terre.
On comprend que ce second horizon, qui se confond
avec le premier sur la sphère céleste, à cause de la
grande distance de celle-ci, ne se confondrait plus
avec lui à la distance du soleil et des planètes.

Les parallèles à l'équateur terrestre portent aussi
le nom de *cercles de latitude,* on distingue parmi eux
les *tropiques* et les *cercles polaires*, qui passent par
les pays qui ont à leur zénith les cercles correspondants de la sphère céleste.

§ 2ᵉ. — *Moyens de déterminer la position des divers points
du globe.*

35. On rapporte la position des points du globe

à l'équateur et au méridien de Paris. La distance
l'équateur se nomme *latitude*, elle se compte sur l
méridien, de l'équateur à chacun des pôles. Il y
partant deux latitudes, l'une *boréale*, l'autre *austral.*
La distance au premier méridien se nomme *longitud*
elle se compte de o à 180° en allant du méridien d
Paris soit à l'orient, soit à l'occident. Il y a don
aussi deux longitudes, l'une *orientale*, l'autre *occi*
dentale.

En se rappelant les principes établis à propos de l
position des étoiles, on verra qu'en donnant la lon
gitude et la latitude d'un lieu, on saura que ce lie
est situé sur le méridien qui a lui-même la longitud
donnée, et sur le parallèle qui a lui-même la latitud
donnée; d'où il suit que sa position sera complète
ment déterminée.

36. Comme il est très-important de pouvoir d
terminer la latitude et la longitude d'un lieu, nou
allons exposer ici les méthodes que l'on doit suivre
cet effet.

1° Pour obtenir la latitude d'un lieu, il suffit d
connaître la hauteur du pôle au-dessus de l'horizon
car *la latitude d'un lieu est égale à la hauteur d*
pôle en ce même lieu.

Soit EZPR (fig. 7) un méridien céleste, et eʌPr l
méridien terrestre correspondant; le point A est l
lieu donné, la ligne PP' l'axe du monde, EE' l'inter
section de l'équateur céleste avec le méridien, et ee'
celle de l'équateur terrestre; HR représente l'inter
section de l'horizon rationnel avec ce même méri
dien, et AZ est la verticale.

On voit que la latitude du point A est mesurée pa
l'arc Ae égale à ZE. Mais les lignes EE', PP' sont
perpendiculaires l'une sur l'autre, ainsi que AZ et
HR; donc l'arc ZP est le complément de chacun des

arcs EZ, PR, et partant ces arcs sont égaux. D'ailleurs EZ est la latitude du point A, et PR la hauteur du pôle; donc la latitude d'un lieu est égale à la hauteur du pôle pour ce même lieu.

Ainsi pour trouver la latitude d'un lieu, on cherchera la hauteur du pôle en ce lieu, en prenant la moyenne des hauteurs d'une étoile voisine du pôle, lors de ses passages au méridien. Cependant la difficulté d'observer l'horizon et surtout d'attendre les deux passages d'une étoile au méridien a dû faire recourir à une autre méthode pour avoir la latitude. On calcule l'arc ZS, ou la distance zénithale du soleil, et en lui ajoutant la déclinaison SE on aura EZ latitude du lieu. Dans cette méthode il suffit de calculer l'arc ZS, attendu que l'on a des tables qui donnent pour chaque jour à midi la déclinaison du soleil.

37. 2° Pour déterminer la longitude d'un lieu, il faut se rappeler qu'en vertu de l'uniformité du mouvement de rotation (15° par heure), les astres passent chaque jour au même méridien à la même heure, et à des heures différentes dans des méridiens différents, en proportion de la distance de ces méridiens

En conséquence, si l'on règle un chronomètre très-exact, de façon qu'il marque o ou 24 heures lors du passage de l'équinoxe du printemps au méridien de Paris, il est clair qu'il marquera toujours o ou 24 heures, quand ce point reviendra au même méridien. Mais je suppose que l'on se soit transporté de 15° à l'est du premier méridien, l'équinoxe devra passer une heure plus tôt au méridien de ce pays, ou à 23 heures, puisqu'il a encore à parcourir un arc de 15° pour atteindre le premier. De même si l'on se transporte à 15° à l'ouest, l'équinoxe devra passer au nouveau méridien, une heure après avoir quitté le premier, c'est-à-dire quand le chronomètre marquera une heure.

On voit par là, que l'heure du passage de l'équinoxe au méridien du lieu où l'on se trouve peut servir à déterminer la longitude de ce lieu. Mais il serait facile de transporter cette méthode à l'observation du passage de tout autre étoile dont on connaîtrait l'ascension droite, ou même au soleil, quand on possède des tables qui donnent son ascension droite pour chaque jour de l'année.

Cette dernière méthode est à peu près la seule employée, a cause de la facilité d'observation qu'elle présente. Cependant quand on peut craindre que le soleil ne soit obscurci à midi, on l'observe avant et après son passage au méridien à des hauteurs égales. La moyenne de ces hauteurs dites *correspondantes*, donne l'heure de son passage au méridien.

La méthode que nous venons d'exposer suppose que le chronomètre soit réglé d'après le temps sidéral, s'il l'était d'après la durée du jour moyen, dont nous parlerons plus tard, il faudrait tenir compte dans les observations de la différence des temps.

On ne doit pas oublier que la longitude se compte de o à 180° dans les deux sens, et que le chronomètre de o à 12 heures indique une longitude occidentale, d'un nombre de degrés correspondants au temps marqué par le chronomètre, au lieu que si le temps surpasse 12 heures, il faut le retrancher de 24 pour avoir le nombre des degrés qui expriment la longitude orientale du lieu.

§ 3. PARTICULARITÉS SUR LA TERRE.

1° *Ses dimensions.*

38. Les mesures des géomètres ont donné pour la

grandeur d'un méridien 40 millions de mètres ou 9000 lieues, son rayon est donc de 6,360,000 mètres ou 1500 lieues environ. La mesure du méridien terrestre a fait reconnaître que la terre n'est pas exactement sphérique, parce que la longueur absolue d'un degré n'est pas la même partout, et qu'elle augmente en allant vers les pôles. On doit en conclure que la forme du méridien n'est pas circulaire, mais, elliptique, et partant que le globe est un peu aplati vers les pôles ; la quantité de l'aplatissement est d'environ la 300ᵉ partie du rayon équatorial. Cependant cet aplatissement, ainsi que l'élévation des montagnes, est assez peu de chose par rapport aux dimensions du globe, pour que l on puisse continuer à considérer la terre comme sphérique.

2° *Inégalité des jours.* — *Climats.*

39. La terre empruntant sa lumière au soleil, ne peut avoir qu'une moitié de sa surface éclairée, tandis que l'autre est dans l'obscurité ; mais à cause du mouvement diurne du Soleil, la partie éclairée varie progressivement, ce qui fait succéder chaque jour les ténèbres à la lumière dans un pays pris en particulier. Le temps que ce pays demeure éclairé s'appelle *jour artificiel*, et l'on donne le nom de *nuit* au temps où règne l'obscurité.

La durée du jour artificiel varie dans un même pays avec les saisons, c'est-à-dire avec le mouvement du soleil en déclinaison ; parce que cet astre se trouvant pendant l'année à des déclinaisons différentes, l'arc de parallèle qu'il décrit au-dessus de l'horizon, est d'autant plus grand qu'il se trouve plus rapproché du pays que l'on considère. C'est ainsi que pour le nôtre les jours sont les plus courts au solstice d'hiver, et les plus longs au solstice d'été ; le contraire a lieu pour nos *antipodes*.

40. Ces variations de durée dans le jour artificiel, n'étant occasionnées que par l'inclinaison de l'axe du monde, doivent subir d'importantes modifications avec les changements de pays. Ainsi à l'Equateur, nous savons que toutes les étoiles demeurent un temps égal au-dessus et au-dessous de l'horizon, parce que l'axe du monde se trouve dans le plan de l'horizon. Le soleil devra donc suivre cette loi pour les pays de l'Equateur, et les éclairer toute l'année pendant la moitié du jour. Aux pôles, toutes les étoiles d'un même hémisphère étant perpétuellement ou visibles ou cachées, le soleil donne 6 mois de jour après 6 mois de nuit, parce qu'il demeure 6 mois dans chaque hémisphère. Les pays placés entre ces limites doivent avoir des jours de plus en plus longs à mesure qu'ils s'éloignent de l'Equateur, et de même ils auront des nuits proportionnellement plus longues à l'époque opposée.

41. Ces inégalités ont donné lieu à une division du globe en *climats*, ou *zônes*, déterminés par la longueur du plus long jour sur chacun des parallèles qu'ils limitent.

Ainsi le jour étant de 12 heures à l'Equateur, le climat qui commence à ce cercle, se terminera au parallèle, sur lequel le plus long jour sera de 12 heures et demie, le second se terminera au parallèle dont le plus long jour sera de treize heures, et ainsi de suite. On voit qu'il y aura de cette façon 24 climats de *demi heures* dans chaque hémisphère, pour aller jusqu'au cercle dont le plus long jour sera de vingt-quatre heures.

Au-delà de ce cercle, l'accroissement devenant trop rapide pour que l'on continuât à diviser les climats par intervalles de demi-heures, on les a formés par accroissements de mois. De cette manière le 25e climat finira au parallèle dont le jour maximum sera d'un mois, le 26e à celui dont le jour maximum sera de deux mois, et ainsi des autres. Le plus grand étant de six mois, il ne peut y avoir que 6 climats de mois dans chaque hémisphère.

Cette méthode de division donne en tout 60 climats, dont 48 de demi-heures et 12 de mois. On pourrait aussi diviser la terre en climats de quart-d'heures et de 15 jours, ce qui en doublerait le nombre. Paris est presque à la limite du 8e climat, car son plus long jour est de 16 heures environ.

5° De la température.

42. L'Equateur forme à peu près la ligne médiane à partir de laquelle la température va en décroissant dans les différentes régions du globe. Ce phénomène, dont il ne faut pas rechercher la cause dans le plus ou moins d'éloignement du soleil à la terre, dépend surtout de l'obliquité des rayons de cet astre, puis du temps qu'il demeure au-dessus de l'horizon, et de la nature du pays.

Pour se rendre compte de l'efficacité de la première de ces causes, il faut se rappeler qu'un choc perpendiculaire produit beaucoup plus d'effet qu'un choc oblique; par conséquent plus les rayons solaires tomberont perpendiculairement sur l'horizon d'un pays, plus leur intensité sera grande. Les régions équatoriales sont évidemment celles qui doivent en somme le plus éprouver cette cause de chaleur solaire, tandis que les plus éloignées de l'équateur, comme les régions polaires, sont peu échauffées, même à l'époque de leurs longs jours. C'est la même raison qui rend compte des différences si considérables de températures, que l'on éprouve aux diffé-rentes saisons de l'année.

Sous le rapport de la température, la terre se divise en cinq zônes: la première comprise entre les tropiques est la *zône torride*, les deux suivantes comprises entre les tropiques et les cercles polaires sont les *zônes tempérées*, et les deux autres situées au-delà des cercles polaires sont les *zônes glaciales*.

4° *Des globes et des cartes géographiques.*

43. Pour étudier avec facilité la géographie et tout ce qui se rattache à la nature de la terre, on l'a configurée par des *globes*, sur lesquels on a rapporté la position des différents lieux au moyen de leur longitude et de leur latitude. Ces globes sont munis des principaux cercles de la sphère terrestre, l'Equateur et le Méridien y sont gradués, et peuvent faire trouver le pays dont on connait la longitude et la latitude. Nous préférons renvoyer ici à l'étude particulière de ces globes, plutôt que d'en donner une description, qui serait trop aride et peu instructive par elle-même.

44. Au lieu de globes on se sert plus fréquemment de *cartes*; mais la configuration de la terre ne peut plus avoir la même exactitude qu'avec les globes, attendu que l'on est obligé de rapporter sur une surface plane des pays disséminés sur une sphère. Pour parvenir le plus que possible à l'exactitude, on emploie différentes *projections*.

La projection *orthographique*, consiste à rapporter tous les points d'un hémisphère à la position des pieds des perpendiculaires abaissés de ces points sur le grand cercle, qui termine l'hémisphère. Ainsi l'hémisphère boréal se représenterait par de semblables projections sur l'équateur. On voit que les positions, sensiblement exactes vers le milieu de la carte, sont tout-à-fait altérées vers les bords; c'est pour ce motif que l'on n'emploie ces projections que dans les cartes d'un pays de peu d'étendue.

La projection *stéréographique* consiste à rapporter les points d'un hémisphère sur le cercle qui le termine par les intersections des droites menées de ces points au pôle de l'hémisphère opposé. Ainsi en joignant les points de l'hémisphère boréal au pôle austral, les intersections de ces droites avec l'équateur serviront à représenter cet hémisphère sur le plan de l'équateur. Cette méthode est employée pour les mappe-mondes et les cartes de pays étendus, comme l'Europe, l'Asie, etc.

Il est une troisième projection dite de *Mercator*, employée pour représenter les pays voisins de l'équateur. Dans cette méthode on enroule la carte autour de l'équateur en forme de cylindre, et l'on rapporte les points de la sphère sur la carte par la rencontre des droites menées du centre à ces points. En développant la carte, l'équateur se trouve représenté par une droite, et les méridiens par des perpendiculaires à cette droite. On conçoit combien serait défectueuse la configuration des pays un peu éloignés de l'Equateur.

ART. 2. — MOUVEMENT DE ROTATION DE LA TERRE.

45. Nous avons supposé jusqu'ici un mouvement régulier à la sphère céleste, et par suite à tous les astres qui semblent y être attachés. Mais il n'est pas difficile de se convaincre de l'impossibilité d'une pareille hypothèse, car il faudrait d'abord supposer à la

plupart d'entre eux une vitesse effrayante, pour accomplir chaque jour une circonférence, dont le rayon est incalculable. Ensuite on serait obligé d'admettre une régularité, dont on n'a pas d'exemple dans la nature, pour que tant de milliers d'étoiles, situées à des distances nécessairement bien différentes, exécutassent toutes, dans le même espace de temps, par un mouvement parfaitement uniforme, des circonférences d'autant plus petites, qu'elles sont plus rapprochées des pôles, et précisément avec l'exactitude nécessaire pour nous offrir l'apparence d'une sphère unique, exécutant le mouvement que nous avons décrit dans le premier chapitre.

Si l'on suppose maintenant un mouvement de rotation a la terre, toutes les apparences de celui de la sphère céleste s'expliqueront de la manière la plus simple et la plus naturelle. Qu'un homme soit emporté rapidement sur une voiture légère, il voit fuir les objets derrière lui, tandis qu'il se croit seul immobile ; le navigateur ne remarque pas que son vaisseau s'avance au milieu de la mer, et il lui semble que le rivage courre avec rapidité au-devant de lui. Ce sont précisément les mêmes illusions qui s'offrent à nous sur la terre. En effet, le plan du méridien où se trouve l'observateur, se transporte successivement d'occident en orient dans chacun des cercles horaires, et alors ceux-ci paraissent s'éloigner de lui dans le sens opposé, en emportant avec eux toutes les étoiles qu'ils contiennent ; d'où il suit qu'elles paraissent décrire des cercles plus ou moins grands dans le même temps, et avec d'autant plus de régularité et de précision, que ces apparences sont le résultat d'un mouvement unique et uniforme.

Ces observations suffisent pour nous faire admettre comme plus naturel le mouvement de la terre sur son axe, sans que nous ayons besoin de nous arrêter à la réfutation d'objections qui n'ont rien de sérieux aujourd'hui. Cependant pour ne rien négliger dans une matière si importante, nous ajouterons encore deux preuves plus directes que les précédentes, et nous les tirerons du *renflement du globe à l'Equateur* et des *vents alisés*.

46. 1° Un corps céleste qui se trouverait dans un état de repos, et qui aurait toutes ses particules parfaitement mobiles, comme celles de l'eau, devrait finir par prendre la forme sphérique en vertu de l'action de la pesanteur. Mais si un pareil corps reçoit un mouvement de rotation autour de son axe, il naîtra de ce mouvement une force centrifuge qui tendra à diminuer l'action de la pesanteur. Les molécules ayant à l'équateur une vitesse beaucoup plus grande que sur tout autre point de ce globe, auront une plus grande tendance que partout ailleurs à s'écarter de l'axe de rotation; aux pôles, au contraire, où la vitesse est nulle, cette tendance sera nulle également. Le globe, en vertu de son mouvement de rotation, devra donc perdre de sa forme sphérique, et se renfler à l'équateur en s'aplatissant aux pôles. Si l'on calcule la forme que doit prendre la terre d'après la vitesse de son mouvement, on trouve précisément celle que nous lui avons reconnue d'après les mesures directes; ce qui ne laisse aucun doute sur la réalité de ce mouvement.

47. 2° Une autre preuve très simple se déduit des vents dits *alisés*, qui soufflent constamment du nord-est au sud-ouest, et du sud-est au nord-ouest, dans les régions équatoriales. Ces pays étant très-chauds l'air y est beaucoup plus dilaté qu'aux pôles, et partant il doit s'établir des courants continuels d'air froid, qui afflue de chacun des pôles vers l'équateur. Ces courants devraient avoir lieu du nord au sud dans l'hémisphère boréal, si la terre était en re-

pos, mais comme elle a un mouvement de l'ouest à l'est, les courants qui arrivent de régions où la vitesse de rotation est moins grande qu'à l'équateur, doivent arriver dans une direction inclinée à ce cercle, du nord est au sud-ouest dans l'hémisphère boréal, et du sud-est au nord ouest dans l'hémisphère austral, ainsi que le montre l'expérience.

ART. 3. — MOUVEMENT ANNUEL DE TRANSLATION.

§ 1er. *Du système planétaire.*

48. On donne le nom de système planétaire, à l'ensemble des astres, peu éloignés de la terre, qui paraissent soumis aux mêmes lois, en formant un système particulier au milieu du système général de l'Univers. Nous retracerons ici les caractères principaux des opinions les plus importantes, qui ont été suivies dans l'exposition des lois du système planétaire; afin de nous éclairer sur la verité de celles que nous devons admettre aujourd'hui.

49. 1° *Système de Pythagore.* — Pythagore, né à Samos vers l'an 590 avant J. C., paraît avoir été l'auteur d'un système très rapproché de la vérité, qui fut peu répandu dans l'antiquité, bien que suivi par plusieurs philosophes. Dans ce système, publié par Philolaüs, disciple de Pythagore, le soleil est fixe au centre du monde, et la terre n'est qu'une planète, qui tourne avec les autres autour de cet astre. Mais ces idées justes, ainsi que quelques autres encore, ne sont appuyées d'aucunes preuves, et mélangées d'opinions bizarres, qui les firent probablement méconnaître.

50. 2° *Système de Ptolémée.* — Le système le plus répandu dans l'antiquité, et jusqu'à la fin du moyen-

âge, fut celui que Ptolémée, de Péluse, nous a trans-
mis dans son *Almageste*, vers l'an 130 après J.-C. Il
rédigea ce système d'après les idées de l'école d'A-
lexandrie, qui a fourni les plus habiles astronomes
de l'antiquité, tels qu'Hipparque et Aristarque. Dans
le système de ces astronomes, la terre est au centre
du monde, le soleil et les planètes décrivent des cercles autour d'elle dans un mouvement uniforme.
Quant aux irrégularités qui viennent troubler cette
uniformité supposée, on les explique par les *épicy-
cles*, cercles accessoires, décrits par les planètes
mêmes, tandis que leurs centres décrivent les cercles
principaux.

.51. 3° *Système de Copernic*. — Copernic, né à
Thorn en Prusse, l'an 1473, trouva dans la force de
sa raison (car il étudia les mouvements célestes en
philosophe et non en astronome) le moyen de ren-
verser le système de Ptolémée, pour ouvrir enfin la
carrière aux découvertes des astronomes modernes.
Il étudia les systèmes des anciens, compara les idées
jetées par Pythagore sans preuves et comme au ha-
zard, au système péniblement élaboré par Ptolémée,
essaya de se rendre compte des mouvements des astres
dans chacune de ces opinions, et fut obligé d'admettre le système de Pythagore, qu'il publia, en donnant
les raisons de l'opinion nouvelle, qu'il produisait au
grand jour.

52 4° *Système de Tycho Brahé*. — Tycho-Brahé,
né à Knudsturp, en Norvège, en l'année 1544, fut
un grand observateur, et refusa constamment d'admettre les idées de Copernic. Il prit un milieu entre
son système et celui de Ptolémée, en plaçant la terre
au centre du monde, et en faisant tourner le soleil
autour d'elle, tandis que les autres planètes tourne-
raient autour du soleil. Les observations de cet astronome furent précieuses pour Képler qui décou-

vrít le premier les grandes lois du mouvement des planètes.

53. 5° *Des lois de Képler.* — Képler, né à Viel en 1571, dans le duché de Wittemberg, découvrit après des calculs prodigieux les trois lois fondamentales, qui régissent les mouvements des corps célestes.

1re loi. — *Les planètes en tournant autour du soleil, décrivent des ellipses peu allongées, dont cet astre occupe l'un des foyers.*

2e loi. — *Les aires décrites par les rayons vecteurs sont proportionnelles aux temps.*

3e loi. — *Les carrés des temps des révolutions sont entre eux comme les cubes des grands axes.*

Ces lois elles-mêmes reposent sur un autre principe très-simple, dont la decouverte était réservée au génie de *Newton,* né en Angleterre, à Woolstrop, en 1642 : *Tous les corps s'attirent en raison directe de leurs masses, et en raison inverse du carré de leurs distances.*

C'est au moyen de ce petit nombre de lois si simples et si fécondes dans leurs applications, que l'on peut expliquer aujourd'hui toutes les apparences des mouvements célestes.

§ 2e. *Preuves du mouvement de translation.*

54. La terre obéit à un mouvement de translation autour du soleil, dans le plan de l'écliptique, elle l'effectue dans l'espace de 365 j. 2422 suivant une courbe elliptique, dont le soleil occupe l'un des foyers.

1° *La terre effectue un mouvement de translation autour du soleil,* car cet astre étant plus d'un million de fois plus gros que la terre, sa force d'attraction est plus grande que l'attraction réciproque de la terre; il est donc plus naturel d'admettre que la terre soit assujettie à tourner autour du soleil, et non le soleil autour de la terre. Cette hypothèse se trouve corroborée par le phénomène de l'*aberration de la lumière*.

L'expérience nous apprend que la pluie tombe sur la figure d'un homme qui marche avec une certaine vitesse, et qu'ainsi elle lui paraît tomber obliquement, bien qu'en réalité elle suive une direction verticale. C'est ce même phénomène qui se produit par rapport à la lumière des étoiles dans le mouvement de la terre. Comme la lumière parcourt 70,000 lieues par seconde, et que la terre en parcourt 7 environ dans le même temps, au bout d'une seconde, un observateur recevra les rayons lumineux, qui auraient dû tomber à 7 lieues de lui, en les supposant a 70,000 lieues au commencement de la seconde; et comme il s'est avancé vers eux pour les recevoir, ils lui paraîtront venir eux-mêmes à lui dans une direction oblique, ce qui changera à ses yeux la position de l'astre qui les envoie. La terre dans son mouvement de translation doit donc occasionner pour nous un changement continuel dans la position des étoiles; et l'on reconnaît en effet par une observation minutieuse de leurs positions pendant l'année, qu'elles décrivent toutes, chaque année, des petites ellipses dans la sphère céleste.

55. 2° *La terre décrit une ellipse dont le soleil occupe l'un des foyers.* On déduit ce principe de la mesure directe des distances du soleil à la terre, aux différentes époques de l'année; et il est facile de se convaincre que ces distances ne sont pas les mêmes, puisque le diamètre apparent du soleil varie de 31' 31" à 32' 36". La mesure des aires, que décrit chaque jour le rayon vecteur mené du soleil à la terre, montrerait encore que celle-ci satisfait dans son

mouvement, à la seconde loi de Kepler. La terre étant le plus rapprochée du soleil, où à son *périhélie*, en hiver, c'est alors qu'elle a son mouvement le plus rapide, tandis qu'en été elle est à son *aphélie*, et par suite elle a son mouvement le plus lent.

§ 3e. *De quelques conséquences du mouvement de translation.*

56. Le mouvement de translation avec ses inégalités de vitesse, nous rend compte d'une manière complète de la succession et de l'inégalité des saisons, de l'inégalité des jours solaires, et de leur différence avec le jour sidéral.

1° *Des Saisons.* — D'abord il est facile de comprendre comment le mouvement de translation de la terre donne lieu au mouvement apparent du soleil; car si l'on représente l'orbite terrestre par ATB (fig. 8), et par MN un arc de l'écliptique, en supposant la terre en T, le soleil nous apparaîtra en S' sur l'écliptique et en faisant avancer la terre de T vers B, la projection du soleil sur l'écliptique se déplacera dans le même sens de S' vers N. Quand la terre, après avoir continué sa révolution, sera revenue au point T le soleil paraîtra avoir décrit l'écliptique et se retrouvera dans sa position primitive en S'.

Cette explication peut bien nous rendre compte de la manière dont s'effectue le mouvement apparent du soleil en ascension droite; mais pour donner une idée exacte de la manière, dont s'opèrent les changements du soleil en déclinaison, et par suite le retour périodique des saisons, nous représenterons l'orbite terrestre par l'ellipse ABCD (fig. 9), dont le soleil occupe l'un des foyers S, tandis que la terre est au point A. Rappelons d'abord que le plan de l'écliptique est incliné de 23° 28' sur l'équateur, et partant que l'axe de la terre fait avec son plan un angle de 66° 32'. Observons aussi que dans le mouvement de translation, tous les points de la terre étant animés d'une même vitesse, son axe doit demeurer constamment parallèle à lui-même; c'est au reste ce que prouve sa direction constante vers le même point du ciel.

Nous admettons maintenant qu'au point A, la terre se trouve tellement placée, que la ligne des centres AS soit perpendiculaire à l'axe terrestre, ce qui doit nécessairement avoir lieu en quelque point de l'orbite. Alors cette condition se trouvant remplie, la ligne des centres sera dans le plan de l'équateur qui est lui-même perpendiculaire a l'axe; partant le soleil doit aussi nous paraître à ce moment dans le plan de l'équateur, ou bien à son premier équinoxe, par exemple.

Quand la terre s'est transportée en B à 90° de sa première position, la droite SB fera un angle droit avec SA, et par suite il serait aisé de voir que SB et BP sont dans un même plan perpendiculaire à l'orbite, donc elles font entre elles le même angle que BP avec l'écliptique, c'est-à-dire un angle de 66° 32', et partant SB doit couper la terre au tropique du Cancer, ce qui fait paraître le soleil dans ce même tropique ou à son solstice d'été.

Quand la terre se sera transportée en C à 90° de B, la droite SC sera le prolongement de SA, et par conséquent perpendiculaire sur CP comme sur AP, ce qui produira le second équinoxe.

Enfin si la terre arrive en D à 90° de C, la droite SD sera le prolongement de SB, par suite le plan des droites DP et DS sera perpendiculaire à l'orbite et partant l'angle PDS sera le supplément de 66° 32', ou 90° + 23° 28'; la droite SD coupera donc la terre à 23° 28' plus bas que l'équateur, c'est-à-dire au tropique du capricorne, ce qui fera paraître le soleil au solstice d'hiver.

On se rend compte de l'état stationnaire du soleil au moment des solstices en considérant que la terre se trouve alors en B ou en D, et qu'elle décrit pendant quelques jours un arc sensiblement parallèle avec AC; partant la ligne des centres fait le même angle avec l'axe et avec l'équateur, et elle doit passer pendant tout ce temps par les tropiques, ce qui fait paraître le soleil stationnaire.

Ce qui vient d'être dit des apparences du mouvement du soleil dans les principales positions de la terre, suffit pour faire comprendre ce qui doit avoir lieu dans les positions intermédiaires, sans que nous ayons besoin de nous y arrêter plus longtemps.

57. L'inégalité des saisons s'explique par l'inégalité de vitesse avec laquelle la terre parcourt les parties de son orbite, qui correspondent à chacune des quatre saisons. Si l'on considère la figure précédente, on voit que l'ellipse est partagée en quatre secteurs inégaux, qui doivent être décrits en des temps inégaux, en vertu de la loi des aires. La différence qui existe entre l'été et l'hiver est d'environ 4 jours et demi.

58. 2° *Des jours*. — Il semblerait que la durée du jour solaire devrait être invariable et égale à celle du jours sidéral, puisqu'elle ne semble dépendre que de la rotation de la terre sur son axe. Mais si l'on remarque qu'au bout d'une rotation la terre s'est transportée un peu à l'orient, et que, par suite le soleil doit aussi paraître un peu plus à l'orient, on verra qu'il ne peut revenir au méridien après le même temps que les étoiles. Le jour solaire doit donc être un peu plus long que le jour sidéral, par suite du mouvement de translation.

59. La différence qui existe entre ces deux jours

n'est pas constante, à cause de l'inégalité des jours
solaires. Cette inégalité tient à ce que 'a terre n'a pas
un mouvement uniforme de translation, puisqu'elle
décrit une ellipse, et par suite le soleil ne doit pas se
déplacer chaque jour de la même quantité. Si l'on
suppose un soleil fictif, qui décrive l'écliptique d'un
mouvement uniforme, mais d'égale durée que celui
du soleil vrai, ce soleil marquerait un jour moyen,
différent du jour sidéral de 3' 53''. C'est ce jour
moyen que l'on emploie dans l'usage civil, il n'est
d'accord que quatre fois par an avec le jour vrai, et
peut en différer de 16'. Cet exemple montre que les
cadrans solaires ne peuvent presque jamais être d'accord avec les pendules les mieux réglées.

60. Nous terminerons cet exposé des mouvements
de la terre, en observant que la ligne des équinoxes
n'est pas fixe sur l'écliptique, mais qu'elle a un mouvement rétrograde d'orient en occident, par suite
duquel la terre revient chaque année à l'équinoxe
un peu plus tôt qu'elle ne le ferait, si la ligne des
équinoxes était fixe. La durée de ce mouvement est
de 25,868 ans, l'angle annuel de retrogrodation est
de 50,''1. A cause de ce déplacement, l'équinoxe ne
répond plus aujourd'hui à la même constellation du
zodiaque qu'autrefois. Malgré son déplacement, on
suppose qu'il répond toujours au même signe du zodiaque, et ce sont les signes qui ne répondent plus aux
mêmes constellations Ainsi le signe ♈, qui répondait au
Bélier, répond maintenant aux Poissons, néanmoins
on lui donne toujours le nom d'Aries, ce qui occa-
sionnerait une confusion, si l'on n'y prenait garde.
Ce mouvement rétrograde est connu sous la déno-
mination de *précession des équinoxes*. Chaque année
le soleil revient un peu plus tôt à l'équinoxe qu'il ne
le ferait, si ce point était immobile. On donne le nom
d'année *tropique*, au temps que cet astre met à reve-

nir au même point de l'écliptique, ou mieux au même tropique, *elle est de* 365 j. 2422 ; et l'on appelle année *sidérale* le temps que met le soleil à revenir au même point du ciel, elle surpasse l'année tropique de 20' 19".

CHAPITRE IV.

DE LA LUNE.

ART. 1er. — MOUVEMENT DE LA LUNE.

61. La *Lune* ainsi que le soleil participe au mouvement général de la sphère céleste, et comme lui elle a un double mouvement en ascension droite et en déclinaison.

Ainsi on la voit chaque jour rétrograder sur les étoiles d'un arc moyen de 13° 10' 35", ou d'environ 52' 42" horaires, ce qui donne 48' 46" de retard sur le soleil. Son mouvement en déclinaison offre les mêmes phénomènes que celui du soleil, seulement l'écart de l'équateur est un peu plus grand, et la période beaucoup plus courte que pour cet astre.

62. Ce double mouvement s'effectue dans l'espace de 27 j. 32 sur une courbe elliptique, appelée *Orbite lunaire*, qui est inclinée à l'écliptique de 5° 8' 42". Elle le coupe donc en deux points qui s'appellent *nœuds lunaires*. La *ligne des nœuds* est celle qui les joint ; on appelle *ascendant*, le nœud par lequel la lune coupe l'écliptique pour s'élever au-dessus, et *descendant* le nœud opposé.

Il est à remarquer que la ligne des nœuds, comme celle des équinoxes, se déplace sur l'orbite lunaire d'orient en occident avec une vitesse annuelle de 19° 20', en sorte qu'elle accomplit une révolution dans l'espace d'environ 18 ans et demi, on l'appelle *révolution tropique du nœud.*

La lune mettant 27 j. 32 pour opérer sa révolution dans son orbite, ou pour revenir au même point du ciel, doit mettre un peu plus de temps pour revenir dans le même cercle horaire que le soleil, parce que cet astre a dû se déplacer lui-même d'environ 27° pendant la révolution de la lune. Cette nouvelle révolution de la lune dure 29 j. 53, on l'appelle *révolution synodique.*

ART. 2ᶜ. — PHASES DE LA LUNE.

63. La lune dans son mouvement propre nous apparaît sous différentes formes, qui ont reçu le nom de *Phases.* En *conjonction,* c'est-à-dire au moment où elle se trouve dans un même cercle horaire avec le soleil, elle demeure complètement invisible, puis au bout de quelques jours elle commence à briller sous la forme d'un *croissant.* Quand elle s'est transporté à 90° de sa conjonction, la moitié de son disque est éclairée, puis cette partie augmente progressivement jusqu'à ce que tout le disque soit éclairé, ce qui arrive à 180° de la conjonction ou à l'*opposition.* De ce moment la partie éclairée diminue, jusqu'à 270°, où la moitié du disque apparaît encore; mais ensuite on ne voit plus qu'un croissant qui diminue de plus en plus, jusqu'à ce que la lune revienne en conjonction. Les croissants ont toujours leurs cornes tournées à l'opposé du soleil.

On a donné des noms particuliers aux principales phases de la lune, qui sont la *nouvelle lune* ou *néoménie,* le *premier quartier,* la *pleine lune,* et le *der-*

nier quartier; on appelle encore la première et la troisième les *Syzygies*, et les deux autres les *Quadratures*.

64. Les phases de la lune nous prouvent : 1° que cet astre est opaque, et emprunte sa lumière au soleil; 2° qu'il est sphérique, puisque le soleil n'éclaire pas toute sa surface en même temps, ce qui aurait lieu si c'était une surface plane.

65. La lune étant sphérique et recevant sa lumière du soleil, ne doit jamais avoir qu'un seul hémisphère, qui soit éclairé, et c'est précisément de la position de cet hémisphère, par rapport à la terre, que dépendent les phases.

Si la lune est en conjonction, en A (fig. 10), l'hémisphère qui est tourné vers le soleil est tout-à-fait à l'opposé de la terre, en sorte que nous n'en pouvons apercevoir aucune partie; d'où il suit que l'on a la nouvelle lune. A l'opposition, au contraire, la terre et le soleil sont placés du même côté de la lune, et partant l'hémisphère, que le soleil éclaire, est tout entier celui que la terre aperçoit; d'où il suit que l'on doit avoir la pleine lune.

Si l'on considère la lune en B ou en D, à 90° de chaque côté de l'opposition, les trois astres formeront sensiblement un angle droit, de sorte que la moitié de l'hémisphère éclairé sera vu par la terre, sous la forme d'un demi-cercle, parce que la terre se trouvera alors dans le p'an du cercle qui terminera cet hémisphère. Observons que la partie éclairée à la prem'ère quadrature, sera obscure à la seconde, à cause de la nature du mouvement de la lune, qui tourne toujours le même hémisphère du côté de notre globe.

Quant aux positions intermédiaires à ces quatre principales, il est évident que l'on doit avoir tantôt la figure d'un croissant, tantôt celle d'un ovale, suivant que la partie de l'hémisphère éclairé, que l'on peut voir de notre globe, est plus petite ou plus grande qu'un quart de sphère. La première hypothèse se réalise évidemment entre la néoménie et l'une des quadratures, tandis que la seconde a lieu entre les quadratures et la pleine lune.

Nous remarquerons en dernier lieu, que les croissants ne sont visibles qu'à une certaine distance du moment précis de la conjonction, car la partie éclairée ne pouvant être exactement la moitié de la lune, il faut que cet astre se soit déjà un peu écarté, pour qu'une certaine partie soit visible à la terre, en même temps qu'exposée aux rayons solaires.

ART. 3e. - ÉCLIPSES DE SOLEIL ET DE LUNE.

§ 1er. *Causes des éclipses.*

66. Il arrive assez souvent à la nouvelle lune, que le disque solaire se trouve en partie et même quelquefois totalement obscurci. Les mêmes changements se présentent aussi pour la lune, quand elle est dans son plein. La raison de ces curieux phénomènes, connus sous le nom d'*éclipses,* que le peuple a placés longtemps dans le domaine du merveilleux, n'est autre que l'interposition en ligne droite de la terre entre le soleil et la lune, et de la lune entre le soleil et la terre. Dans le premier cas, la lune se trouve dans le cône d'ombre que la terre projette au loin derrière elle (fig. 11), et dans le second la lune cache à la terre une partie plus ou moins grande du soleil (fig. 12).

67. En supposant que l'orbite lunaire se confonde avec l'écliptique, les éclipses deviendraient inévita-

bles à chaque conjonction et à chaque opposition ; car les trois astres seraient en ligne droite, puisqu'ils se trouveraient ensemble dans le même cercle horaire et dans l'écliptique. L'inclinaison de l'orbite lunaire empêche donc que ces circonstances ne se renouvellent à chaque révolution synodique. Toutefois comme les deux orbites se coupent suivant une ligne droite, il s'ensuit que la lune, à chaque révolution, et le soleil, chaque année, passent par chacun de ces nœuds lunaires. Il peut se faire que les passages des deux astres soient simultanés, surtout si l'on considère la fréquence de ceux de la lune ; et alors la condition des éclipses se trouvera remplie.

Le soleil ne pouvant passer aux nœuds que deux fois par an, les éclipses ne sont possibles qu'à deux époques de l'année, séparées par un intervalle d'environ six mois. Je dis à peu près six mois, car en vertu du mouvement rétrograde de la ligne des nœuds, le soleil doit revenir au même nœud en moins d'une année ; cette révolution que l'on appelle *Révolution synodique du nœud,* s'effectue en 346 jours.

68. D'après ce qui vient d'être dit, on pourrait croire tout d'abord que les éclipses ne sont possibles qu'autant que les deux astres passeront aux nœuds en même temps, ce qui les rendrait tout-à-fait rares. Mais si l'on observe que l'orbite lunaire n'est inclinée que de $5° 8' 45''$ sur l'écliptique, on verra que leurs p'ans doivent être très-rapprochés l'un de l'autre, jusqu'à une certaine distance des deux côtés des nœuds. D'ailleurs le soleil et la lune ont un rayon qui dépasse $15'$, d'où il suit que jusqu'à une certaine distance des nœuds, leur somme peut dépasser la distance des orbites. En conséquence, il devra souvent arriver que certaines parties du soleil et de la lune soient en ligne droite avec le centre ou tout

autre point de la terre, ce qui produira une éclipse.

En ayant égard au minimum des rayons, on trouve que les éclipses de soleil sont certaines jusqu'à 12° du nœud, et possibles jusqu'à 16° ou 17°. Les éclipses de lune, ne dépendant que de l'ombre que la terre projette sur cet astre, ne sont certaines qu'à 9°, et sont possibles jusqu'à 13° ou 14°. Il serait facile de trouver d'après ces conditions que le maximum des éclipses possibles dans une année est de six, et le minimum de deux. Cependant si l'on considère un pays en particulier, il peut arriver qu'il n'y ait pour lui qu'une seule éclipse visible, ou même point du tout ; ainsi que nous le ferons voir plus loin.

§ 2ᵉ. *Apparences des éclipses.*

69. *Eclipses de soleil.* — Les éclipses de soleil, étant dues à l'interposition de la lune entre cet astre et la terre, peuvent être *totales*, *annulaires* ou *partielles.*

Pour que l'éclipse soit totale, il faut que la lune puisse intercepter pour un point de la terre, au moins, tous les rayons du soleil, ou bien que le cône d'ombre projeté par elle vers la terre, atteigne quelques points de sa surface (fig. 13). Or, pour que cette condition se trouve remplie, il faut en premier lieu que le diamètre apparent de la lune soit plus grand que celui du soleil, ce qui est possible, puisqu'il peut atteindre jusqu'à 33′ 31″ ; il faut en second lieu que la lune entre toute entière dans le tronc de cône formé en menant des tangentes à la terre et au soleil, car alors il y a nécessairement quelques points pour lesquels le soleil est totalement caché par la lune.

En supposant les mêmes circonstances que précédemment, si le diamètre apparent de la lune est moindre que celui du soleil, ce qui peut arriver, puisqu'il peut n'être que de 29' 22", l'ombre de la lune n'atteindra plus la surface de la terre; mais pour certains points, le point A, par exemple (fig. 14) qui est en ligne droite avec les centres des deux as'res, on aura une éclipse annulaire, c'est à d re que le disque solaire dépassera de tout côté celui de la lune, sous forme d'anneau lumineux.

Il est aisé de comprendre qu' dans toutes les autres circonstances, les éclipses de soleil ne seront que partielles. Mais il faut observer que les éclipses de soleil ne présentent pas les mêmes apparences pour tous les points du globe, ainsi quand il y a éclipse totale en A, il n'y a qu'éclipse partielle au point B (fig. 15); cela tient à ce que la lune etant beaucoup plus rapprochée de nous que le soleil, se projette différemment sur cet astre, suivant les positions que l'on occupe sur la terre.

D'après cette observat'on il n'y a jamais éclipse totale ou annulaire, en un point du globe, que quand le disque lunaire étant plus grand ou plus petit que le disque solaire, le point donné se trouve dans le cône formé par les tangentes que l'on mène à la lune et au soleil (fig. 13 et 14).

70. *Eclipses de lune.* — Les éclipses de lune ne peuvent être que de deux sortes, *totales* ou *partielles.*

La terre étant sphérique et plus petite que le soleil, projette derrière elle un cône d'ombre, qui à la distance où se trouve la lune est plus étendu que cet astre. Comme les éclipses de lune n'ont lieu qu'autant que celle-ci pénètre dans le cône d'ombre de la terre, il est évident qu'il ne peut pas y avoir d'éclipse annulaire de lune. Mais elle sera totale toutes les fois que cet astre pénétrera tout entier dans le cône, et partielle dans tous les autres cas (fig. 11).

Observons que les apparences des éclipses de lune sont les mêmes pour tous les points du globe qui l'ont à leur horizon au moment de l'éclipse, car si elle est obscurcie totalement ou en partie par l'ombre de la terre, il est impossible qu'on la voie éclairée en quelque lieu que l'on se trouve.

71. *De la fréquence des éclipses.* — Si l'on examine le nombre des éclipses qui ont lieu sur la terre, on trouve qu'en somme, celles de soleil sont plus nombreuses que celles de lune, car d'après les conditions précédemment exposées, la lune doit entrer plus fréquemment dans la partie du cône, formé par le soleil et la terre, qui est située entre ces deux astres, que dans la partie du même cône qui ne comprend que l'ombre de la terre. Mais si l'on ne considère qu'un point du globe, on trouvera que pour ce lieu les éclipses de lune doivent être plus fréquentes que celles de soleil, attendu qu'un grand nombre d'entre elles ne sont pas visibles en ce lieu, bien qu'elles aient lieu pendant que le soleil est au-dessus de l'horizon, tandis que toutes celles de lune, qui se feront dans ce temps, y seront visibles.

Les pays situés à l'équateur sont ceux qui doivent jouir d'un plus grand nombre d'éclipses de soleil, à cause de la position qu'ils occupent, par rapport aux orbites de la terre et de la lune.

ART. 4ᵉ. — PARTICULARITÉS SUR LA LUNE.

72. La lune en tournant autour de la terre décrit une ellipse conformément aux lois de Képler, et partant elle se trouve à des distances inégales de la terre; la distance minimum s'appelle *périgée*, et la

distance maximum *apogée*. On a trouvé que la distance moyenne de ce *satellite* de la terre est de 60 rayons terrestres ou de 86,524 lieues. Son rayon est de 391 lieues, et partant son volume n'est pas le cinquantième de celui de la terre.

73. Il est aisé de remarquer à l'inspection des taches de la lune, que cet astre tourne toujours le même hémisphère du côté de la terre, en sorte que nous ignorons complètement la nature et la forme de l'autre partie. Ce phénomène si remarquable nous montre que la lune a un mouvement de rotation sur elle-même qui dure précisément autant que son mouvement de translation, 27 j. 32.

74. Longtemps on a pensé que les taches de la lune provenaient de mers semblables aux nôtres, mais depuis que l'on a reconnu l'absence totale d'atmosphère dans cet astre, on a dû conclure qu'elle est également privée d'eau et de tout autre fluide. Aujourd'hui que nous possédons des télescopes d'un grossissement considérable, la distance de la lune n'est plus rien pour nous, et l'on a reconnu que ce satellite est tout couvert de montagnes volcaniques plus élevées même que celles de la terre. Elle n'a et ne peut avoir d'habitants organisés comme ceux de notre globe.

C'est à l'attraction de ce globe sur nos mers, combinée avec celle du soleil, qu'est dû le phénomène des marées. On lui attribue d'ailleurs, mais sans fondement, une foule d'influences sur les animaux et les végétaux de notre globe, ainsi que sur les variations du temps.

CHAPITRE V.

DES PLANÈTES.

75. Les planètes sont des astres qui au premier aspect se confondent avec les étoiles, mais on les distingue bientôt de celles-ci par leur éclat moins vif et moins scintillant, par leur mouvement propre dans la sphère céleste, et par un diamètre apparent très-appréciable au télescope.

On compte aujourd'hui seize planètes, dont six étaient connues dans l'antiquité, ce sont : *Mercure, Vénus, La Terre, Mars, Jupiter* et *Saturne*; les dix autres sont dues aux découvertes des modernes, ce sont : *Uranus*, découverte par Herschel en 1781, *Cérès*, par Piazzi en 1801, *Pallas* et *Vesta*, par Olbers en 1802 et en 1807, *Junon*, par Harding en 1804, *Astrée* et *Flore* par Hencke en 1845 et en 1847, *Neptune*, par Leverrier en 1846, *Iris* et *Hébé* par Hind en 1847. Deux de ces planètes, Mercure et Vénus, sont plus rapprochées du soleil que la terre, on les nomme *planètes inférieures*, les autres sont appelées *planètes supérieures*.

ART. 1er. — MOUVEMENTS DES PLANÈTES.

76. Les planètes obéissent toutes aux lois de Képler, et les apparences de leurs mouvements ne sauraient s'expliquer d'une manière simple et exacte sans l'admission de ces lois, comme nous allons l'examiner successivement pour les planètes inférieures et pour les planètes supérieures.

§ 1er. *Mouvement des planètes inférieures.*

77. Les planètes inférieures étant plus rapprochées du soleil que la terre, et tournant autour de cet astre, ne peuvent jamais venir en opposition, mais elles doivent avoir deux conjonctions, l'une *inférieure*, alors qu'elles se trouvent placées entre la terre et le soleil, l'autre *supérieure*, quand elles sont au-delà de cet astre par rapport à la terre.

En rapportant au soleil le mouvement des planètes inférieures, on trouve qu'il est oscillatoire, c'est-à-dire que ces astres s'écartent de chaque côté du soleil dans un mouvement de va et vient continuel, sans dépasser une distance maximum que l'on appelle *maximum d'élongation*. La vitesse d'élongation diminue à mesure que les planètes approchent de leur plus grand écart.

En rapportant ce mouvement aux étoiles par le moyen de l'ascension droite, on trouve que ces planètes ont dans la sphère céleste un mouvement propre d'occident en orient, semblable à ceux du soleil et de la lune, mais qui présente des caractères particuliers à ces corps célestes. Ainsi, leur mouvement, direct après la conjonction supérieure, et plus rapide d'abord que celui du soleil, se rallentit au bout de quelque temps; elles atteignent alors leur maximum d'élongation, et un peu plus tard elles paraissent quelques jours stationnaires. Ensuite leur mouvement devient rétrograde, elles atteignent leur conjonction en continuant à rétrograder, puis elles demeurent de nouveau stationnaires avant d'atteindre le plus grand écart à l'occident, et enfin elles reprennent leur mouvement direct qu'elles continuent jusqu'à ce qu'elles se rapprochent de la conjonction inférieure, où se représentent les mêmes phénomènes que nous avons décrits.

78. Pour rendre compte de ces faits dans l'hypothèse du mouvement de la terre et des planètes autour du soleil, nous représenterons par AI et A'I' les arcs que décrivent dans le même temps la terre et l'une des planètes inférieures, le soleil étant en S (fig. 16). La planète ayant un mouvement plus rapide que la terre, décrira un plus grand arc A'B', pendant que celle-ci ira de A en B. Au point A', la planète sera vue de la terre dans la direction AA', et au point B' dans la direction BB'. La seconde direction est plus inclinée vers l'orient que la première, partant la planète dans la position B' se projettera plus à l'orient sur la voûte céleste que dans la position A', c'est-à-dire qu'elle aura un mouvement direct en ascension droite pour aller de A' en B'.

Si l'on considère à présent la terre et la planète dans les positions C et C', on voit que celle-ci paraîtra dans la direction CC' parallèle a BB'. Or, deux directions parallèles correspondent aux mêmes points de la sphère céleste, à cause de la distance, c'est pourquoi la planète ne paraîtra pas changer de position durant tout son trajet du point B' au point C'.

Si on la considère ensuite dans les positions successives D', E', F', G', on voit que chacune des droites DD', EE', FF', GG', est plus inclinée à l'Occident que la précédente, et par suite dans chacune de ces positions, la planète doit paraître plus à l'occident que dans la précédente, c'est-à dire que pour aller de C' en G' elle aura un mouvement rétrograde d'orient en occident. En H' la direction HH' étant parallèle à la précédente, il y aura nouvelle station de G' en H'; puis le mouvement deviendra direct de H' en I', puisque la droite II' est moins inclinée vers l'occident que la précédente.

Nous n'avons pas besoin d'insister sur le sens du

mouvement près de la conjonction supérieure, car on voit sans peine qu'il est direct, et qu'il a sa plus grande vitesse au moment même de la conjonction.

§ 2ᶜ. *Mouvement des planètes supérieures.*

79. Les planètes supérieures étant plus éloignées du soleil que la terre, ont une conjonction et une opposition. On leur reconnait un mouvement propre en ascension droite qui prend un caractère particulier vers l'opposition ; car après avoir été direct et moins rapide que celui du soleil dans sa plus grande partie, il devient plus lent encore à l'approche de l'opposition, puis les planètes demeurent quelque temps stationnaires, après quoi elles commencent à prendre un mouvement rétrograde. Ce mouvement continue encore après l'opposition, mais bientôt il se rallentit, jusqu'à ce que les planètes fassent une nouvelle station, pour reprendre ensuite leur mouvement direct.

80. Pour nous rendre compte de ces phénomènes, nous représenterons par AK et A'K' (fig. 17) les arcs décrits par la terre et l'une des planètes supérieures dans le même temps. Quand les deux astres sont en A et en A', la planète est vue dans la direction AA', et de même elle sera vue dans la direction BB' quand elle sera en B', la terre étant venue elle-même en B. Mais la seconde direction est plus inclinée vers l'orient que la première, donc pour aller de A' en B' la planète a un mouvement direct d'occident en orient.

Si l'on considère ensuite la direction CC', on la trouve parallèle à BB', et par suite on trouve que la planète arrivée en C' paraîtra au même point du ciel

que quand elle était en B', donc pour faire le trajet
de B' en C' la planète paraîtra stationnaire.

Mais en passant par les positions D', E', F', G', les
directions DD', EE', etc., suivant lesquelles elle sera
vue, seront chacune plus inclinée vers l'occident que
la précédente, donc la planète sera vue dans chacune
d'elles un peu plus à l'occident que dans la précédente, c'est-à-dire que pour aller de C' en G', elle
paraîtra rétrograder dans la sphère céleste.

Enfin pour aller de G' en H', elle se projette sur
la sphère céleste suivant des directions sensiblement
parallèles, ce qui la fait paraître stationnaire pendant tout son trajet de G' en H'. Mais en I' la direction II' étant plus inclinée à l'orient que la précé-
cédente, on la verra reprendre un mouvement direct
de H' en I', ainsi que de I' en K' jusqu'à l'approche
d'une nouvelle opposition.

On doit observer que plus les planètes sont éloignées du soleil, plus leurs mouvements sont lents par
rapport à celui de la terre, et partant leurs stations
et leurs rétrogradations doivent se reproduire dans
des périodes plus courtes. Il est clair que leur révolution dans le ciel est beaucoup plus longue que la
période des rétrogradations, attendu que celle-ci dépend du mouvement de la terre qui est annuel, tandis que la première est le résultat du mouvement propre des planètes dans leurs orbites.

ART. 2ᵉ. — PARTICULARITÉS SUR LES PLANÈTES.

81. Les planètes n'étant pas très-éloignées du soleil, on a pu apprécier avec exactitude leurs distances et leurs dimensions, ainsi que la durée et les
caractères de leur mouvement autour du soleil.
Nous donnons ici les nombres qui expriment ces
éléments.

NOMS DES PLANÈTES.	SIGNES.	DISTANCES moyennes au soleil exprimées en millions de lieues	RAYONS en LIEUES.	DURÉE DES révolutions.	
				ANS.	JOURS.
Mercure.	♂	13	585		88
Vénus.	♀	25	1455		225
La Terre.	☿	34	1500		365
Mars.	♀	53	840	1	221
Vesta.	⚷	81	45	3	240
Junon.	⚹	91	175	4	130
Cérès.	⚳	92	205	4	221
Pallas.	⚴	92	280	4	222
Jupiter.	♃	177	17340	12	253
Saturne.	♄	552	14415	29	174
Uranus.	♅	652	6390	84	29
Neptune.	♆	1260	»	217	»

82. Mercure est très rarement visible à l'œil nu, à cause de son voisinage du soleil, dont les rayons l'éclipsent à nos yeux. L'étendue de ses plus grands écarts varie depuis 16° jusqu'à 29°. Cette planète présente des phases semblables à celles de la lune. Il en est de même de Vénus, la plus brillante des étoiles, que l'on appelle l'*étoile du berger*, l'*étoile du matin* ou *Lucifer*, ou bien encore l'*étoile du soir*, *Vesper*. Son maximum d'élongation varie de 45° à 47°.

Mars présente un aspect rougeâtre que l'on attribue à son atmosphère. Cette planète, et toutes les autres planètes supérieures, ont encore des phases, mais jamais de croissants, et encore moins d'obscurcissement total; elles ont au contraire deux pleins, à la conjonction et à l'opposition.

Les petites planètes, récemment découvertes, ne sont visibles qu'au télescope, et on les appelle *télescopiques*. On leur donne aussi le nom d'*ultra-zodiacales*, parce que leurs orbites ne sont pas renfermées dans le zodiaque comme celles des autres planètes.

Jupiter, étoile très-brillante, et la plus grosse des planètes, a quatre *satellites*, ou petites planètes secondaires qui tournent autour d'elle, comme la lune autour de la terre. C'est par le moyen des éclipses de ces satellites que l'on a trouvé la vitesse de la lumière.

Saturne a sept satellites, cette planète est en outre environnée d'un double anneau, plat, large, solide, opaque, qui tourne dans le même sens que cette planète, mais avec une vitesse différente, et se transporte avec elle autour du soleil. Les deux anneaux sont concentriques et assez éloignés l'un de l'autre, ainsi que de la planète.

On n'a reconnu jusqu'ici que deux satellites à Uranus, bien que quelques astronomes lui en aient attribué jusqu'à six.

Neptune est remarquable par son prodigieux éloignement; sa découverte fera la gloire de M. Leverrier.

APPENDICE. -- DES COMÈTES.

83. Les *comètes* sont des corps opaques qui tournent autour du soleil en décrivant des ellipses très-allongées, dont le soleil occupe l'un des foyers. Leur mouvement s'effectue dans tous les sens, et sous tou-

tes les inclinaisons; leurs périhélies se trouvent placés à des distances très-variables, les uns très-près du soleil, les autres jusque dans les orbites des planètes les plus éloignées de nous. Il est à remarquer qu'elles obéissent à la loi des aires, ce qui leur occasionne un mouvement d'une effrayante rapidité au périhélie, tandis qu'il devient extrêmement lent à mesure que les astres s'éloignent du soleil.

Souvent ces astres singuliers sont accompagnés d'une *queue* ou *chevelure* lumineuse plus ou moins longue, mais très-peu dense. On reconnaît quelquefois un noyau solide qui est le centre de l'astre ; mais souvent on ne trouve qu'une simple nébulosité, qui se dilate à mesure qu'elle s'éloigne du soleil, en prenant des dimensions effrayantes, quand elle parvient à une certaine distance.

On ne connaît rien de bien déterminé sur la nature de ces astres passagers, dont trois ont été reconnus périodiques. Ce sont : la comète d'*Halley* dont la révolution dure 75 ans et demi, elle a été observée avec soin en 1682; la comète d'*Encke*, observée en 1818, dont la période est de 3 ans et demi ; et celle de *Biéla*, observée en 1826, qui fait sa révolution en 6 ans trois quarts.

CHAPITRE VI.

DU CALENDRIER.

84. Le *calendrier* est l'ensemble des règles que l'on suit dans la distribution méthodique du temps. Le *temps* se divise en *années*, les années en *mois* et en *semaines*, les mois et les semaines en *jours*. Une pé-

riode de cent années s'appelle *siècle*. On compte le temps au moyen de deux espèces d'années, l'année *solaire* et l'année *lunaire*.

ART. Ier. — DE L'ANNÉE SOLAIRE.

85. L'année solaire est la période qui s'écoule entre deux passages successifs du soleil à l'équinoxe du printemps ; elle est de 265 j. 5 h. 48' 49'', 7, c'est l'année *tropique* ou *astronomique*. Mais dans l'usage civil on est obligé de prendre un nombre exact de jours, et de former ainsi une année *civile* différente de la première.

86. L'année civile fut d'abord composée de 365 jours seulement, ce qui occasionna dans la suite un bouleversement si complet, qu'une réforme devint tout-à-fait nécessaire.

Ce fut Jules-César qui ordonna cette réforme et la confia à l'astronome *Sosigène* d'Alexandrie, en l'année 45 avant notre ère. Celui-ci estimant que l'année se composait de 365 jours et 6 heures, fit ajouter un jour à l'année tous les quatre ans. Ces années de 366 jours furent appelées *bissextiles*, parce que le jour intercalaire, placé au 25 de février était nommé *sixième jour d'avant les calendes de Mars*, comme celui qui le précédait.

87. Cependant la fraction ajoutée se trouvant trop grande, l'erreur devint assez forte pour nécessiter une nouvelle réforme en 1582. L'année se trouvait alors devancée de 10 jours par le retour du soleil à l'équinoxe du printemps. Ce fut le pape Grégoire XIII, qui ordonna cette réforme, appelée de son nom *réforme grégorienne*. On retrancha d'abord 10 jours à l'année 1582, ce qui se fit en nommant 15 octobre

le jour qui ne devait être que le 5. Puis on établit que toutes les années séculaires ne seraient plus bissextiles, sauf les quatrièmes. Ainsi les années 1700, 1800, 1900 ne sont pas bissextiles, mais les années 1600 et 2000 redeviennent bissextiles d'après ces dispositions.

88. L'année civile se divise en douze périodes d'inégales durées que l'on appelle mois, ce sont : *Janvier* de 31 jours, *Février* de 28 (29 dans les années bissextiles), *Mars* de 31, *Avril* de 30, *Mai* de 31, *Juin* de 30, *Juillet* et *Août* de 31, *Septembre* de 30, *Octobre* de 31, *Novembre* de 30 et, *Décembre* de 31.

89. L'année se divise encore en semaines, périodes de 7 jours, qui se retrouvent chez tous les peuple de l'antiquité la plus reculée. L'année contient 52 semaines plus un jour, dans les années communes, et deux, dans les années bissextiles. Les jours de la semaine s'appellent : *Dimanche*, *Lundi*, *Mardi*, *Mercredi*, *Jeudi*, *Vendredi*, *Samedi*.

ART. 2ᵉ. — DE L'ANNÉE LUNAIRE.

90. Plusieurs peuples ont réglé leur année d'après le cours de la lune, ainsi qu'on le fait encore de nos jours dans l'empire ottoman. Cette année se compose de 12 lunaisons ou mois lunaires, qui sont alternativement de 30 et de 29 jours, parce que la lunaison vraie est à peu près de 29 jours et demi. En conséquence l'année lunaire n'a que 354 jours, onze de moins que l'année solaire.

91. Mais comme on a remarqué que dans l'espace de 19 ans, il s'écoule presque exactement 235 lunaisons, on a voulu faire accorder les années lunaires et les années solaires tous les 19 ans, en changeant la distribution des lunaisons dans l'année lunaire. Si

l'on formait les 19 années de 12 lunaisons, il en res-
terait 7 dont 6 de 30 jours et la septième de 29, pour
atteindre le commencement de l'année solaire. On
est donc convenu de donner 13 mois à sept années
sur 19, ces années sont appelées *embolismiques*.

Cette période de 19 ans s'appelle *cycle lunaire*.
Ce fut Méton, astronome d'Athènes, qui le proposa
aux Grecs assemblés pour la célébration des jeux
olympiques, environ 439 ans avant notre ère. Après
cette découverte, on gravait à Athènes les années de
ce cycle en lettres d'or, ce qui leur fit donner le nom
de *nombres d'or*.

92. Pour trouver le nombre d'or d'une année
quelconque : *ajoutez 1 à cette année, puis divisez par
19, le reste indiquera le nombre d'or*; ce reste serait
19 lui-même si l'on trouvait zéro pour reste.

On peut encore donner cette autre règle pour notre siècle : *retranchez 4 de l'année proposée du
siècle, divisez par 19, le reste indiquera le nombre
d'or.*

Soit pour exemple à chercher le nombre d'or pour
1860. On ajoute 1 ce qui donne 1861, on divise par
19 et l'on trouve 18 pour reste, qui est le nombre
d'or cherché. La raison de cette règle est que le cycle
lunaire a commencé l'année avant la première de
notre ère. Si l'on retranchait encore 4 de 60, en di-
visant le reste 56 par 19, on trouverait encore 18
pour reste. La raison de cette seconde méthode est
qu'en 1800 il fallait encore 4 années pour que le
cycle fût achevé.

ART. 5ᵉ. — DISPOSITION DU CALENDRIER ECCLÉSIASTIQUE.

93. On considère encore le calendrier comme le
tableau qui renferme la distribution du temps pendant chaque année. Par *Calendrier* ou *comput ecclé-*

siastique, on entend celui qui renferme la disposition des fêtes chrétiennes pendant l'année. On appelle calendrier *perpétuel*, celui qui peut servir pour toutes les années. Il se compose de douze tables pour les douze mois; chacune contient les numéros d'ordre des jours du mois, ou les *quantièmes*, et en regard la *lettre dominicale* correspondante, l'*épacte* et la *fête* religieuse qui se célèbre en ce jour.

94. *Des lettres dominicales.* — Les lettres dominicales sont les sept lettres A, B, C, D, E, F, G, qui remplacent les noms des jours de la semaine, et servent tour-à-tour à indiquer à quels quantièmes des mois d'une année doivent arriver les dimanches de cette année.

La lettre A est écrite en regard du 1ᵉʳ janvier, la lettre B correspond au 2, la lettre C au 3, etc., les sept lettres se succèdent ainsi périodiquement jusqu'au 31 décembre auquel doit encore correspondre la lettre A. Si dans une année le dimanche arrive au premier janvier, A sera la dominicale pour cette année-là, et comme elle correspond au 31 décembre, ce jour sera encore un dimanche. Le premier dimanche de l'année suivante n'arrivera que le 7 janvier, jour qui a G pour lettre correspondante; cette lettre sera donc la dominicale pour cette nouvelle année. On verrait aisément que l'année suivante, le premier dimanche arriverait le 6, et partant que la lettre dominicale serait F, et ainsi de suite.

Dans les années bissextiles, au mois de mars, on devra prendre une nouvelle dominicale, à cause du jour intercalé à la fin de février. Ces années-là auront deux dominicales, l'une pour le mois de janvier et de février, l'autre pour le reste de l'année.

95. On voit que pour obtenir la dominicale d'une année, il faut rétrograder d'une lettre sur la dominicale précédente, et de deux après chaque bissextile.

Après sept bissextiles ou 28 ans, les dominicales doivent se reproduire dans le même ordre, ou si l'on veut, les noms des jours correspondront aux mêmes quantièmes de chaque mois, que 28 ans auparavant. Cette période est connue sous le nom de *cycle solaire*. Les années séculaires n'étant plus bissextiles, l'ordre du cycle se trouve détruit en passant d'un siècle à l'autre, son utilité est donc moins grande, depuis la réforme grégorienne.

96. Pour trouver la dominicale d'une année quelconque de notre siècle, *augmentez cette année de son quart, en négligeant le reste s'il y en a un, divisez la somme par 7, le reste indiquera le jour de la semaine auquel doit arriver le 1ᵉʳ mars ; prenez le troisième jour précédent, et vous aurez le nom du 1ᵉʳ janvier, et par suite la dominicale.* Il faudrait prendre le quatrième jour avant le premier mars dans les années bissextiles.

Ainsi pour l'année 1860, on prend le quart de 60, ce qui donne 15, on l'ajoute à 60 et l'on divise la somme 75 par 7, ce qui donne 5 pour reste. On en conclut que le 1ᵉʳ mars arrive un jeudi ; comme 1860 sera bissextile, on trouve en rétrogradant de quatre jours, que le 1ᵉʳ janvier sera un dimanche, d'où la lettre dominicale est A en janvier et février, et G dans le reste de l'année. Avec un calendrier perpétuel, on connaîtrait tous les quantièmes qui seront des dimanches en prenant ceux qui ont en regard les lettres A et G, suivant les mois pour lesquels elles doivent servir.

Pour se rendre compte de cette règle, il faut savoir qu'en 1800 le premier mars était un samedi, le dernier jour de la semaine. Comme d'une année à l'autre on doit rétrograder d'une lettre pour avoir la dominicale, ou ce qui revient au même, avancer d'un jour pour avoir le nom du même quantième du même mois, il s'ensuit qu'en 1860 on doit avancer de 60 jours sur 1800. Mais ensuite les années bissextiles doivent donner un jour de plus que les autres, et partant aux 60 jours on doit en ajouter autant que de bissextiles, ou le quart des années écoulées. En 1860 on devra donc avancer de 75 jours et comme la semaine s'est reproduite 10 fois dans ce nombre de jours, on ne prendra que les cinq jours de la nouvelle semaine commencée, ce qui correspondra au jeudi, comme nous l'avons trouvé.

On peut encore observer que les 1er, 8, 15, 22 et 29 de chaque mois ont le même nom, partant si l'on passe d'un mois à un autre, quand on connaît le nom du premier jour de l'un, il faudra prendre deux jours plus tard pour avoir le nom du premier de l'autre mois, on devrait prendre trois jours plus tard si le premier mois avait 31 jours, et 1 seulement s'il en avait 29. En appliquant cette méthode, on voit que l'on pourrait aisément calculer le nom d'un quantième quelconque de l'année ; et en la combinant avec la précédente règle, on pourrait faire ce même calcul pour une année quelconque.

97. *Des Epactes.* — On donne le nom d'*épactes* à trente nombres que l'on écrit en chiffres romains à côté des jours de chaque mois, en commençant par les plus élevés. Ils sont destinés à marquer les jours de l'année auxquels doivent correspondre les nouvelles lunes. Ces nouvelles lunes ne concourent pas exactement avec les nouvelles lunes astronomiques. Le nom d'*épacte* est plus spécialement affecté à exprimer l'âge de la lune au premier janvier de chaque année, c'est-à-dire le nombre de jours de la lunaison, qui se sont déjà écoulés, quand on arrive au 1er janvier. C'est de l'épacte ainsi considérée que nous voulons parler ici plus spécialement.

98. Quand le cycle lunaire commence, c'est-à-

dire quand le nombre d'or est 1, l'épacte est zéro,
puisque dans cette année-là, l'année solaire et l'année
lunaire s'accordent ensemble. Mais l'année suivante
ou quand le nombre d'or est 2, l'épacte doit être XI,
attendu que l'année solaire surpasse l'année lunaire
de 11 jours; pour la même raison, au nombre d'or 3
devra correspondre l'épacte XXII. De cette manière
il est aisé de former une table des épactes correspondantes aux nombres d'or.

Nombres d'or: 1. 2. 3. 4. 5. 6. 7. 8. 9.
Épactes : . XI. XXII. III. XIV. XXV. VI. XVII. XXVIII.
10. 11. 12. 13. 14. 15. 16. 17. 18. 19.
IX. XX. 1. XII. XXIII. IV. XV. XXVI. VII. XVIII.

On doit observer que pour revenir de la dernière
année du cycle à la première, il faut ajouter 12 à
l'épacte XVIII et non pas 11 comme dans les années
précédentes, on retrouve ainsi l'épacte XXX ou zéro.
La raison de cette différence est que la dernière lunaison du cycle n'a que 29 jours, alors en ajoutant
seulement 11 on trouve bien 29, et comme cette
année-là 29 ramène à zéro d'épacte, on aime mieux
dire 30 pour plus de régularité. Remarquons aussi
que ce tableau doit changer presque avec chaque
siècle, et en particulier après 1900 on devra ajouter
1 à chacun des nombres d'épactes compris dans ce
tableau. Ces notions des épactes nous suffisent pour
le but que nous nous sommes proposé; nous négli-
gerons de détailler davantage tout ce qui se rattache
à leur emploi. Les conventions assez compliquées
d'après lesquelles on a réglé l'usage des épactes, sont
combinées de telle manière, que l'on ne puisse jamais s'écarter beaucoup du cours de la lune.

99. *Des fêtes de l'année.* — Parmi les fêtes ecclé-
siastiques les unes sont *immobiles* ou fixées à un jour

déterminé de l'année, et inscrites d'une manière invariable dans le calendrier; les autres sont *mobiles* ou variables pour chaque année, mais elles peuvent se déterminer par des règles fixes.

Pour les premières on ne peut que se proposer de chercher le nom du jour de la semaine auquel elles doivent arriver dans une année particulière, ce que l'on fait d'après les règles établies plus haut.

Quant aux fêtes mobiles, toutes, sauf les quatre dimanches de l'Avent qui sont les quatre dimanches avant Noël (25 décembre), dépendent de la fête de Pâques. Cette fête d'après un décret du concile de Nicée, tenu en 325, doit se célébrer le premier dimanche qui suit la pleine lune de mars, ou mieux la pleine lune qui arrive après le 20 mars, ou dans l'équinoxe du printemps, fixé par ce concile au 21 mars.

100. Avant Pâques on compte :

Les dimanches de la *Septuagésime*, de la *Sexagésime*, de la *Quinquagésime*, qui sont les 9e, 8e, 7e avant Pâques.

Les dimanches de Carême, qui sont les 6e, 5e, 4e et 3e avant Pâques.

La *Passion*, qui est le second dimanche avant Pâques.

Les *Rameaux*, premier dimanche avant Pâques.

Le premier jour de Carême, ou *mercredi des Cendres,* est le 46e jour avant Pâques.

101. Après Pâques on compte :

Cinq dimanches, dont le premier est *Quasimodo*, Octave de Pâques.

L'*Ascension*, le 40e jour à dater de Pâques.

La *Pentecôte*, le 50e jour à dater de Pâques également.

La *Trinité*, qui est le dimanche après la Pentecôte.

La *Fête-Dieu*, qui se célèbre le second dimanche après la Pentecôte.

Les autres dimanches de l'année prennent leur nom du rang qu'ils occupent après la Pentecôte, jusqu'au premier dimanche de l'Avent.

102. Pour trouver la fête de Pâques d'une année proposée : *Calculez le nombre d'or, prenez l'épacte correspondante, déduisez le jour de janvier auquel arrive la nouvelle lune, celle de mars arrivera au même quantième ; ajoutez 13 jours à ce quantième, et vous aurez le jour de la pleine lune de mars. Si ce jour suit le 20 mars, calculez le dimanche suivant d'après la dominicale, et vous aurez Pâques. Si ce jour précède le 20 mars, ajoutez 30 et vous aurez le jour auquel arrivera la pleine lune pascale, le dimanche suivant sera Pâques.*

Ainsi pour 1860, le nombre d'or, déjà calculé, étant 18, l'épacte sera VII, partant la nouvelle lune aura lieu, en complétant le mois qui est de 30 jours et en prenant le jour suivant, au 24 de janvier et au 24 de mars, parce que janvier et février font exactement deux mois lunaires (on ne tient pas compte du jour intercalaire dans les années bissextiles). En prenant le 13ᵉ jour après le 24 mars, on a le 6 avril pour la pleine lune, qui est alors pascale. Cette année-là le premier mars étant un jeudi, le premier d'avril sera le troisième après le jeudi, ou le dimanche, et par suite le 6 sera un vendredi, Pâques arrivera donc le 8 d'avril en 1860.

Observons que si l'épacte était XXIV, ce qui ne peut arriver que dans le siècle suivant, il faudrait ajouter seulement 29 jours pour avoir la pleine lune pascale en avril. Cette convention empêche que Pâques ne puisse arriver plus tard que le 25 avril ; car si l'épacte est XXIV, la nouvelle lune est le 7 de mars, et la pleine lune le 20, en ajoutant 30 jours on auıait le 19 avril, et si ce jour était un dimanche, il faudrait attendre au 26 pour la fête de Pâques. Pàques se célèbrera le 25 avril en 1886. Elle ne peut pas arriver plus tôt que le 22 mars, ce qui a eu lieu en 1818, mais cette circonstance ne se représentera plus qu'en l'an 2285.

TABLE DES MATIÈRES.

Introduction. — Définition de l'Astronomie. — Corps célestes. — Horizon. — Etoiles fixes, Planètes, page 3

Chapitre premier. — Des étoiles, 5

Art. 1er. Mouvement de la sphère céleste, id.

§ 1er. Lever et coucher des astres. — Sphère céleste. — Zénith. — Nadir. — Verticale. — Verticaux. — Almicantarats, id.

§ 2e. De l'axe du monde et des pôles, 6

§ 3e. Des cercles décrits par les étoiles. — Equateur. — Parallèles. — Cercles de perpétuelle apparition et de perpétuelle occultation, id.

§ 4e. Uniformité du mouvement diurne. — Méridien, méridienne. — Points cardinaux. — Rose des vents, 8

Art. 2e. Moyens de déterminer la position des astres sur la sphère céleste. — Déclinaison. — Ascension droite. — Hauteur. — Azimuth, 10

Art. 3e. Particularités sur les étoiles. — Classification. — Etoiles télescopiques, colorées, changeantes, temporaires, multiples, nébuleuses. — Distance. — Constellations. — Etoile polaire, 13

— 70 —

Chapitre 2e. — Du soleil,   16

    Art. 1er. Mouvement du soleil. — Ecliptique. — Zodiaque. — Equinoxes. — Solstices. — Tropiques. — Cercles polaires. — Colures,   id.

    Art. 2e. Mesure du temps. — Année. — Saisons. — Jour solaire,   18

    Art. 3e. Particularités sur le soleil. — Distance. — Dimensions. — Rotation. — Forme. — Taches. — Hypothèse sur la nature du soleil,   id.

Chapitre 3e. — De la terre,   21

    Art. 1er. Forme de la terre,   id.

    § 1er. Preuves de la rondeur de la terre. — Forme de l'horizon. — Voyageurs. — Lever des astres. — Inclinaison de l'axe du monde — Cercles de la sphère terrestre,   id.

    § 2e. Moyens de déterminer la position des divers points du globe. — Longitude, Latitude. — Déterminer la latitude et la longitude d'un lieu,   23

    § 3e. Particularités sur la terre. — Dimensions, applatissement aux pôles. — Inégalitité des jours. — Climats. — Causes des variations de température. — Des globes et des cartes,   25

    Art. 2e. Mouvement de rotation de la terre. — Absurdité de l'hypothèse du mouvement de la sphère céleste. — Renflement de la terre à l'équateur. — Vents alisés,   31

    Art. 3e. Mouvement annuel de translation,   34

    § 1er. Du système planétaire. — Pythagore. — Ptolémée. — Copernic. — Tycho-Brahé. — Lois de Képler. — Loi de Newton,   35

    § 2e. Preuves du mouvement de translation.

— Aberration de la lumière. — Mouvement elliptique. — Périhélie. — Aphélie, 36

§ 3ᵉ. De quelques conséquences du mouvement de translation. — Explication du retour périodique des saisons. — De leur inégalité. — Inégalité des jours solaires. — — Jour vrai. — Jour moyen. — Précession des équinoxes. — Année tropique. — Année sidérale, 38

Chapitre 4ᵉ. — De la lune, 42

Art. 1ᵉʳ. — Mouvement de la lune. — Orbite lunaire. — Nœuds. — Révolution tropique du nœud. — Révolution synodique, id.

Art. 2ᵉ. Phases de la lune. — Conjonction. — Croissant. — Quadratures. — Opposition. — Explication des phases, 43

Art. 3ᵉ. Eclipses. — § 1ᵉʳ. Causes des éclipses. 45

§ 2ᵉ. Apparences des éclipses.—Eclipses de soleil, totales, annulaires, partielles. — Eclipses de lune, totales, partielles. — Fréquence des éclipses 47

Art. 4ᵉ. Particularités sur la lune. — Forme elliptique de son orbite, apogée, périgée. — Distance. — Dimensions. — Rotation. — Absence d'atmosphère, 49

Chapitre 5ᵉ. — Des planètes, 51

Art. 1ᵉʳ. Mouvement des planètes, id.

§ 1ᵉʳ. Mouvement des planètes inférieures. — Stations. — Rétrogradation, 52

§ 2ᵉ. Mouvement des planètes supérieures. — Stations. — Rétrogradation, 54

Art. 2ᵉ. — Particularités sur les planètes. — Distance. — Rayons. — Durée des révolutions. — Mercure. — Vénus. — Mars. —

Planètes télescopiques. — Jupiter. — Saturne. — Uranus. — Neptune,   55

Appendice. Des comètes.   57
Mouvement elliptique. — Chevelure. — Comètes périodiques,   id.

Chapitre 6e. — Du Calendrier,   58
Art. 1er. De l'année solaire. — Année tropique. — Année civile. — Réforme julienne. — Réforme grégorienne. - Mois. — Semaines,   59
Art. 2e. De l'année lunaire. Sa durée — Cycle lunaire. — Nombre d'or. — Règles pour trouver le nombre d'or,   60
Art. 3e. Disposition du calendrier ecclésiastique. — Dominicales. — Cycle solaire. — Règle pour trouver la dominicale,   61
Epactes. — Tableau des épactes,   64
Des fêtes chrétiennes. — Règle pour trouver la fête de Pâques,   65

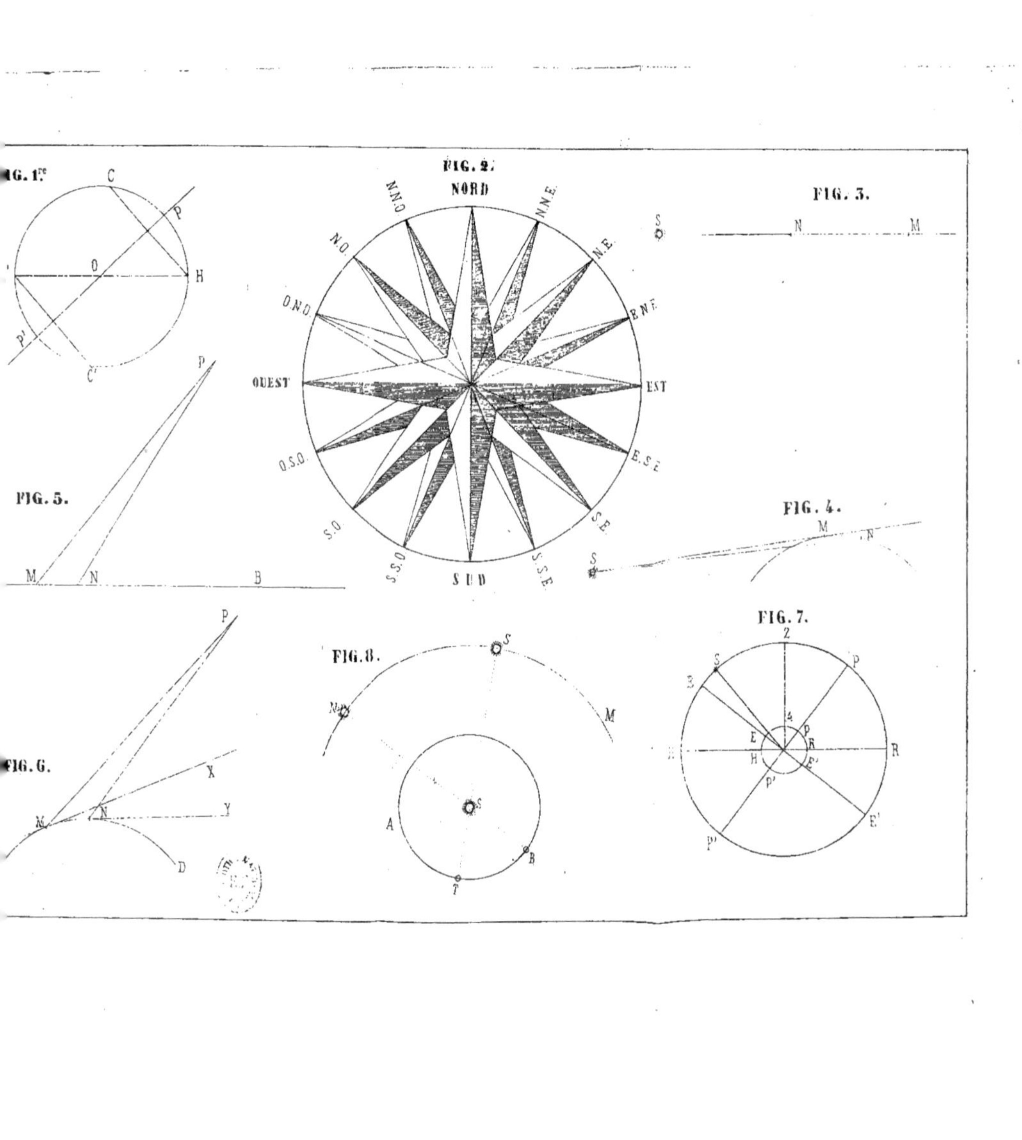

FIG. 1re
C
P
O
H
P'
C'
FIG. 2.
NORD
N.N.O
N.N.E
N.O
N.E
O.N.O
E.N.E
OUEST
EST
O.S.O
E.S.E
S.O
S.E
S.S.O
S.S.E
SUD
S
S
FIG. 3.
N
M
FIG. 4.
M
N
S
FIG. 5.
P
M
N
B
FIG. 6.
P
X
M
N
Y
D
FIG. 8.
S
N
M
S
A
B
T
FIG. 7.
2
S
P
3
E
p
R
H
E'
R
p'
P'
E'

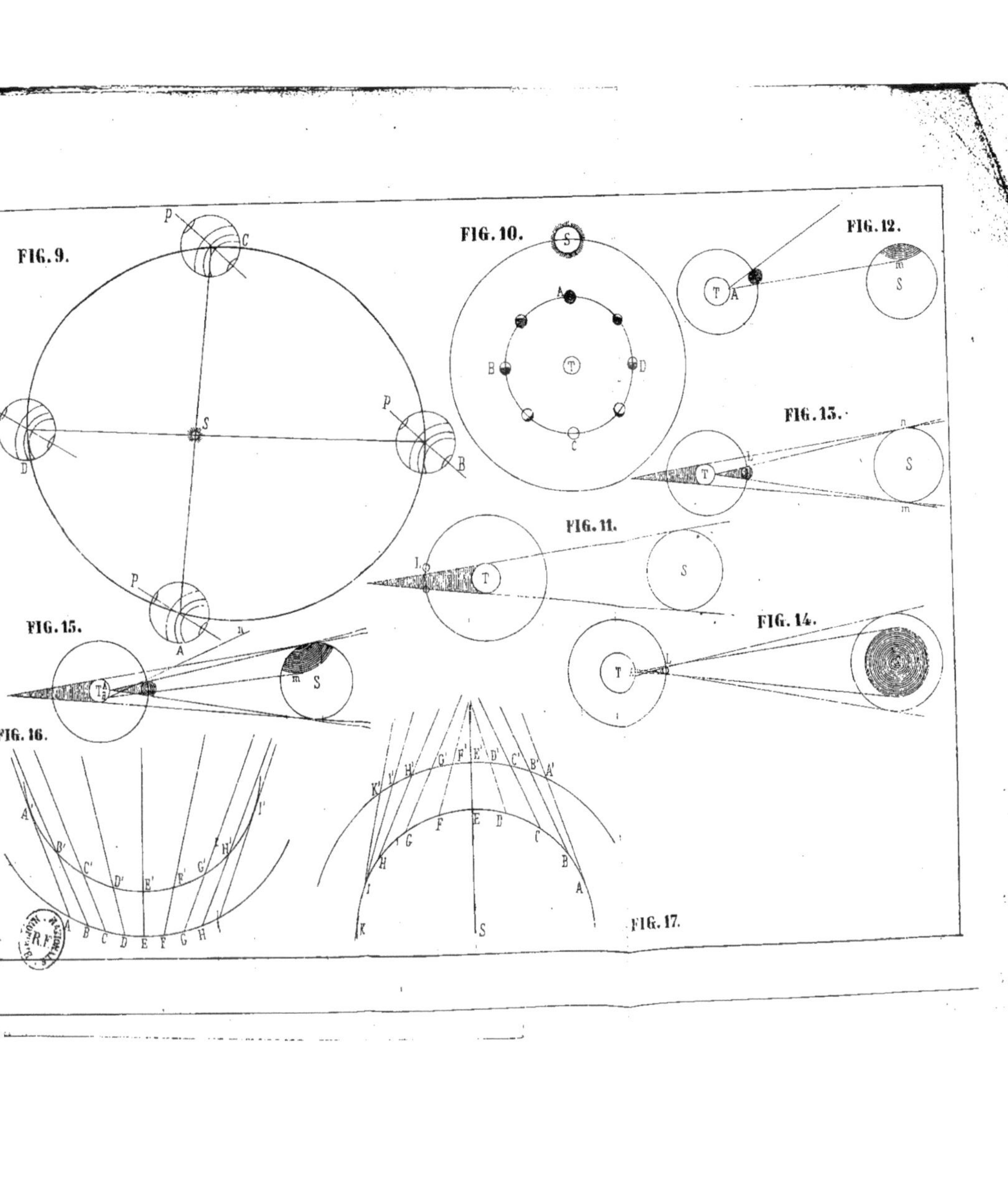

FIG. 9.
FIG. 10.
FIG. 12.
FIG. 13.
FIG. 11.
FIG. 14.
FIG. 15.
FIG. 16.
FIG. 17.

212

www.ingramcontent.com/pod-product-compliance
Ingram Content Group UK Ltd.
Pitfield, Milton Keynes, MK11 3LW, UK
UKHW022331070726
13614UKWH00003B/1039